中國建築藝術全集編輯委員會 編

中國美術分類全集

中國建築藝術全集 6

元代前陵墓建築

《中國建築藝術全集》編輯委員會

本卷主編

趙立瀛　西安建築科技大學教授

劉臨安　西安建築科技大學教授

攝影

程　平

劉臨安

凡例

一　《中國建築藝術全集》共二十四卷，按建築類別、年代和地區編排，力求全面展示中國古代建築的成就。

二　本書為《中國建築藝術全集》第六卷『元代前陵墓建築』。

三　本書圖版按照墓主所處朝代的次序編排，同朝代的按墓主的社會地位編排，詳盡展示了元代以前陵墓建築的藝術成就。

四　卷首載有論文《古代陵墓建築概述》，概要論述了墓葬起源與陵墓形制、墓室與棺槨、陵墓的環境、元代以前歷代帝王陵墓建築。在其後的圖版部份精選了二百二十幅陵墓建築照片。在最後的圖版説明中對每幅照片均做了簡要的文字説明。

目錄

論　文

古代陵墓建築概述

圖　版

黃帝陵

一　橋山遠眺……1
二　黃帝手植柏……2
三　掛甲柏……3
四　軒轅廟大殿……4
五　祭陵參道……4
六　黃帝陵塚……5
七　『橋山龍馭』碑……6
八　拜謁的人群……7
九　軒轅廟庭院……8
一〇　軒轅廟碑廊……9

少昊陵

一一　少昊陵甬道……10
一二　少昊陵石牌坊……11
一三　少昊陵塚……12
一四　宣和大石碑……13

大禹陵

一五　大禹陵石碑……13
一六　禹穴亭……14
一七　禹祠庭院……15
一八　禹井亭……17
一九　禹廟大殿……16
二〇　『岣嶁山銘』亭……17

婦好墓

二一　婦好墓上復原建築……18
二二　龍形玉雕……19
二三　人形玉雕……20

孔　林

二四　孔林神道古柏……21
二五　『萬古長春』石牌坊……22
二六　石牌坊的細部雕刻……23
二七　『至聖林』牌坊……23
二八　孔氏後裔孔令貽墓……24

孔子墓

二九　洙水橋石牌坊……25
三〇　孔子墓甬道……26
三一　孔子墓前石象生……27
三二　孔子墓塚……28

秦公大墓

三三　一號大墓東側墓道……29

秦公陵、秦永陵

三四　秦公陵和秦永陵……30
三五　秦公陵前的謬碑……30
秦始皇陵
三六　秦始皇陵塚（春景）……31
三七　秦始皇陵塚（冬景）……32
三八　出土的銅車馬……34
兵馬俑坑
三九　一號兵馬俑坑全景……34
四〇　將軍俑……35
四一　立射俑……36
四二　跪射俑……37
四三　牽馬俑……38
胡亥墓
四四　胡亥墓塚……39
漢長陵
四五　長陵全景……40
漢陽陵
四六　陽陵陵塚及南闕門……41
四七　羅經石……41
四八　彩繪陶俑……42
漢茂陵
四九　茂陵陵碑……43
漢渭陵
五〇　清代樹立的謬碑……44
司馬遷墓
五一　從芝水橋遠眺司馬遷祠……45
五二　司馬遷祠全景……46
五三　司馬遷墓塚……47
五四　司馬古道……47
五五　陡峭小徑……48
五六　祠門外的石階……49
五七　祠院內的碑廊……50
霍去病墓
五八　霍去病墓塚全景……51
五九　墓塚正面……52
六〇　墓塚前的庭園……53
六一　『馬踏匈奴』雕像……54
六二　躍馬雕像……55
六三　卧牛雕像……56
張騫墓
六四　張騫墓塚……57
六五　石虎雕像……58
蘇武墓
六六　蘇武墓塚……59
昭君墓
六七　昭君墓塚……60
張仲景墓
六八　醫聖祠……61
六九　獻殿……62
七〇　墓碑……63
七一　墓塚……64
蔡倫墓
七二　蔡倫墓……65
孝堂山石祠
七三　孝堂山石祠……65
麻浩崖墓

七四 崖墓外觀……66
七五 崖墓檐口雕刻……67
七六 崖墓的前室……68
七七 寬敞的享堂……69
七八 荆軻刺秦王雕刻……68

茅村畫像石墓

七九 前室……70
八〇 中室……70

高頤墓闕

八一 墓闕正面……71
八二 墓闕背面……72
八三 墓闕銘文……73
八四 墓闕的轉角斗栱……73
八五 墓闕旁邊的石虎……74

打虎亭漢墓

八六 一號墓前室刻畫……75
八七 二號墓後室刻畫……76
八八 二號墓中室壁畫……77
八九 二號墓中室壁畫……78

安丘畫像石墓

九〇 前室……79
九一 後室……79

諸葛亮墓

九二 墓園入口……80
九三 墓園庭院……81
九四 墓亭……82
九五 雙桂護擁的墓塚……83

關林

九六 關林的甬道……84
九七 大殿……85
九八 『漢壽亭侯墓』石牌坊……87
九九 葬首級的墓塚……88
一〇〇 欄杆上的石獅……89
一〇一 墓塚前的鐵獅……89

北魏景陵

一〇二 景陵墓塚全景……90
一〇三 景陵地宮甬道及封門牆……91

蕭景墓

一〇四 蕭景墓墓表……92
一〇五 墓表的基座……93
一〇六 墓表的華蓋……93
一〇七 威武的辟邪……94
一〇八 毀壞的辟邪……94

蕭績墓

一〇九 蕭績墓全景……95
一一〇 西側墓表……96
一一一 墓表的基座……97
一一二 墓表的方版……97
一一三 東側墓表……98
一一四 碩壯的辟邪……99

好太王陵

一一五 好太王碑……100
一一六 碑身銘文……100

將軍墳

一一七 將軍墳正面……101
一一八 將軍墳側面……102

一一九 倚靠的巨石……103
一二〇 陪葬墓……103

隋泰陵

一二一 泰陵陵碑……104

唐昭陵

一二二 九嵕山主峰上的昭陵……105
一二三 由南面遠眺昭陵……106
一二四 暮靄中的昭陵……108
一二五 陪葬墓之一的李勣墓……108
一二六 三峰相連墓塚……109

唐乾陵

一二七 由南面遠眺乾陵……110
一二八 乾陵陵塚……111
一二九 陵塚前的門闕……112
一三〇 華表……113
一三一 朱雀……114
一三二 飛馬……115
一三三 侍臣……116
一三四 無字碑……117
一三五 述聖記碑……118
一三六 番酋石像……119
一三七 威武的石獅……120
一三八 肅穆的侍臣……121

唐定陵

一三九 唐定陵……122
一四〇 侍臣……123
一四一 侍臣……124
一四二 石獅……125

唐橋陵

一四三 唐橋陵……126
一四四 華表……128
一四五 朱雀……129
一四六 辟邪……129
一四七 侍臣……130
一四八 侍臣……131

唐泰陵

一四九 唐泰陵……132
一五〇 華表……133
一五一 朱雀……133
一五二 辟邪……134
一五三 石馬……135
一五四 石獅……136

唐順陵

一五五 唐順陵……137
一五六 門闕和陵塚……138
一五七 辟邪……139
一五八 神道西側石象生……139
一五九 神道東側石象生……140
一六〇 南門東側石獅……140
一六一 南門西側石獅……141
一六二 北門東側石獅……141
一六三 北門西側石獅……141

永泰公主墓

一六四 永泰公主墓塚……142
一六五 前室……143
一六六 後室……144

懿德太子墓

一六七 懿德太子墓壁畫……145
一六八 懿德太子墓壁畫……145
一六九 懿德太子墓壁畫……145

南唐二陵

一七〇 順陵入口……146
一七一 欽陵入口……147
一七二 墓室的拱券門……147
一七三 墓室的武士雕像……148

王建墓

一七四 王建墓室入口……149
一七五 王建墓室内景……149
一七六 王建墓塚……150
一七七 王建墓前的石象生……151

永昌陵

一七八 永昌陵陵塚……152
一七九 甪端……153
一八〇 石馬……153
一八一 侍臣……154
一八二 石獅……155

永定陵

一八三 永定陵全景……156
一八四 陵塚和東門闕……157
一八五 神道旁的石象生群……157
一八六 朱雀……158
一八七 儀馬與馬官……158
一八八 蕃使……159
一八九 石羊……160
一九〇 石獅……160

永昭陵

一九一 永昭陵陵塚……161
一九二 朱雀……161
一九三 武士……162
一九四 石象……163

白居易墓

一九五 白居易墓塚……164
一九六 墓側石碑……164
一九七 墓塚背面……165
一九八 墓園内小徑……165

岳飛墓

一九九 岳飛廟大殿……166
二〇〇 岳飛墓闕門……167
二〇一 岳飛、岳雲墓塚……168
二〇二 石象生……169
二〇三 石象生……169

楊璨墓

二〇四 楊璨墓前室……170
二〇五 楊璨墓後室……170
二〇六 楊璨妻墓後室……171

西夏王陵

二〇七 西夏王陵三號陵……172
二〇八 闕門和陵臺……173
二〇九 陵臺……173
二一〇 人像礎臺……174
二一一 琉璃鴟尾……174

董海墓

二一二 董海墓前室……175
二一三 董海墓後室……176
董明墓
二一四 董明墓前室……177
靈山聖墓
二一五 靈山聖墓……176
布哈丁墓
二一六 布哈丁墓園大門……178
二一七 布哈丁墓亭……179
禿黑魯貼木兒瑪扎
二一八 禿黑魯貼木兒瑪扎……179
新疆草原石人
二一九 阿勒泰喀依納爾石人組……180
二二〇 阿爾泰布克爾橋石人……180

古代陵墓建築概述

一、墓葬起源與陵墓形制

原始葬法

喪，指的是哀悼死者的禮儀；葬，指的是處理死者遺體的方法。在中國歷史上，不同的社會階段和不同的民族文化都產生過獨特的喪葬習俗。

原始社會初期，人們的思維意識低下，對生與死的自然現象漠然無知，遇到同伴死亡便拋棄于原野，並不加以掩埋，後來，人們在與大自然搏斗的生死相依中，抗爭的協力互助萌發了感情的依賴。特別是在血緣組織的部族中，這種感情的依賴使人與人之間產生親情意識，在親情意識的支配下，人們開始葬殮親族中的死者。《孟子·滕文公上》記載了這樣一段話：『蓋上世嘗有不葬其親者，其親死，則舉而委之于壑。他日過之，狐狸食之，蠅蚋姑嘬之。其顙有泚，睨而不視。夫泚也，非為人泚，中心達于面目，蓋歸反虆梩而埋之。』由此看出，親情意識促使人們不忍心目睹親族同伴的屍體遭受蟲獸的齧噬，于是跑回去拿來器具，把同伴埋葬了。從『不葬其親』到『虆梩埋之』可以說是倫理觀念上的進步。這種採用黃土掩埋死者的方法可能就是最早出現的葬法。

中國的墓葬習俗在舊石器時代的晚期已經形成，考古發掘表明：處在母系社會早期的北京周口店的山頂洞人已經具有了相當意義的原始葬法，其年代距今已有一萬八千餘年。山頂洞人居住在自然形成的山洞中，距洞口較近的地方是日常生活起居的範圍，而在山洞的深處則是一塊以血親關係為組織的墓地，覆土掩埋著老年男性、中青年女性以及幼嬰兒的骨骸。在老年男子和中青年女性的骨骸周圍撒有赤鐵礦粉末，這可能是血的隱喻。而且還有隨葬的石珠，穿孔的獸骨裝飾物以及石器工具。顯然，這種葬法不僅說明當時人們已具有了親情意識，同時還夾雜著崇祖或是懼怕鬼神的意識。因此，在喪葬過程中，除了對親族的屍體進行刻意的處理外，更重要的還必須表達生者對死者所產生的情感活動。這些情感活動的表達方式雖然是非常原始的，但却說明了人性與倫理觀念的進步。

隨著人性與倫理觀念的不斷成熟，喪葬過程中的各種活動便有了特定的意義，這些特定意義的活動逐漸演變成了喪葬習俗。新石器時代的原始社會，土葬是最為廣泛施行的一種喪葬習俗，這在河姆渡遺址、半坡遺址、大汶口遺址等都有共同的反映。除此之外，不同的氏族部落裏還實行過火葬、野葬、風葬、崖葬、樹葬、水葬、甕葬、居室葬等葬法，葬式上有單人葬、雙人葬、集體葬、仰身葬、側身葬、俯身葬、屈肢葬等。從新石器時期的大量考古發掘中可以發現，喪葬活動已經成為當時人們日常生活中的重要內容之一。

在定居的氏族聚落中出現了集體的墓葬區——公共墓地，例如黃河流域仰韶文化、齊家文化的公共墓地。墓地通常集合著數以百計的墓葬，並呈現出有規則的排列。在其他地區，還出現過不同形式的公共墓地，例如東北地區紅山文化的『積石塚』、長江下游良渚文化的高臺墓地。

大約在原始社會向奴隸社會的過渡期產生了族葬制度，如安陽殷墟的族葬墓地，出現了貴族墓葬與平民墓葬的區別。至西周，演化為『公墓』與『邦墓』，此在《周禮·春官》中已有詳細的記載，遺址例如河南三門峽的虢國國君墓地。春秋戰國時的貴族墓地，例如陝西鳳翔的秦公墓園、河北平山中山國王墓出土的銅版『兆域圖』所描繪的國君墓園，說明貴族墓地的規模、禮儀、制度已日趨龐大、繁冗而嚴整。

墳丘墓的產生

舊石器時代中、晚期，人們一般還居住在天然洞穴裏，同樣，洞穴也就成為死者的墓地，如北京山頂洞人的洞穴墓地，考古學稱為『居室葬』。

新石器時代出現了氏族公共墓地。墓葬最為普遍的形式是土葬。『墓』音近『没』，『葬』意為『藏』，用土掩埋是一種最方便的『藏没』方法。

考古發現，在中國的中原地區，新石器時期氏族公共墓地均無墳丘墓葬，商周時代的墓葬也都是與地面齊平，没有高出地面的封土丘壠。《易·繫辭下》載：『古之葬者，厚衣之以薪，葬之中野，不封不樹』。西漢經學家劉向（公元前七七年至前六年）認為：

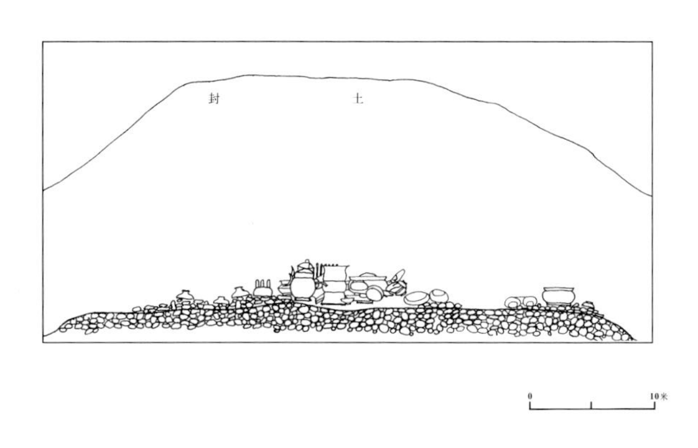

圖二　安徽屯溪西周一號墓（引自《考古學報》，一九五四年四期）

『殷湯無葬處，文、武周公葬于畢，秦穆公葬于雍橐泉宮祈年館下，樗里子葬于武庫，皆無丘壠之處』。這種『皆無丘壠』的墓葬方法，上至君王，下至黎民，概無例外。商周時期喪葬的等級制度主要表現在墓室的規模、棺椁的重數以及隨葬品的內容方面，墓地上面既無堆壅的封土丘壠，也没有儀樹和碑闕。河南安陽發現的殷墟墓地，各種等級的墓葬均無丘壠，甚至商王武丁的配偶婦好墓，墓壙的封土也是與地面齊平，然後在上面修建祭祀建築（圖一）。陝西鳳翔發現的春秋戰國時期的秦公墓園，墓壙上面也無丘壠的迹象。因此，史載這個時期墓葬『不封不樹』的特徵是可信的。

但是，在中國長江下游的江浙皖地區曾經流行過一種土墩墓，這種墓葬的特點是不挖掘墓壙，衹在地面鋪敷卵石及炭灰形成墓底，然後堆壅封土形成圓形或饅頭形的墳丘，例如安徽屯溪的西周墓（圖二）。這種土墩墓的做法很可能與新石器時期崧澤——良渚文化的高臺墓地的做法在地理文化上有著密切聯係，代表了吴越地區的一種獨特葬俗。至于這種土墩墓與中原地區墳丘墓塚的興起有無關係，尚難做出定論。

春秋時代晚期，中原地區開始出現人工堆壅封土形成墳丘的做法。目前已知最早的考

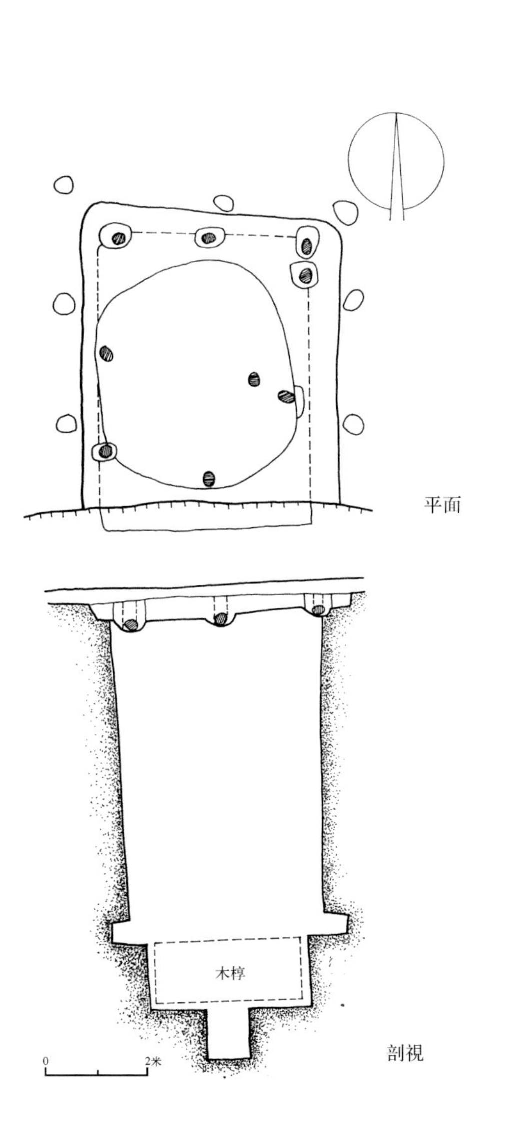

圖一　河南安陽殷墟婦好墓（引自《考古學報》，一九七七年二期）

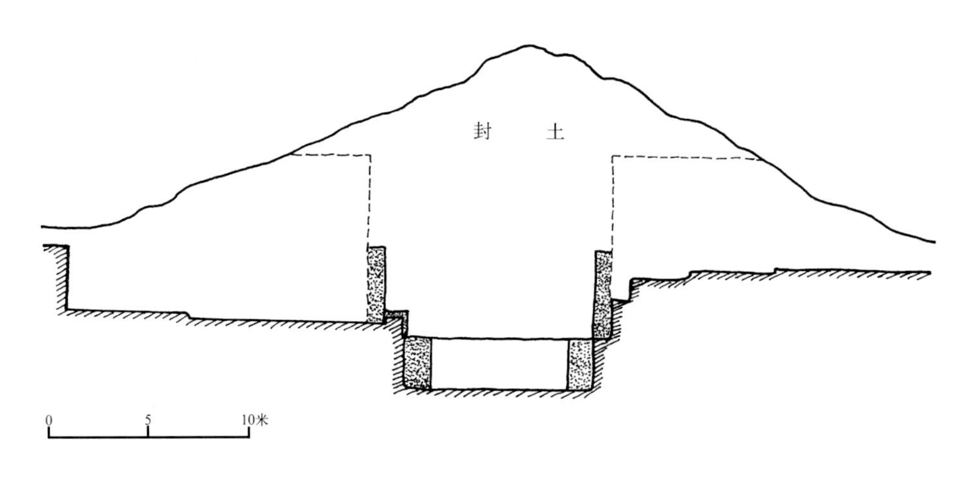

圖三　河北易縣燕國十六號墓（引自《考古學報》，一九六五年二期）

古實例是河南固始侯古堆的『句敔夫人』墓，墳丘係人工堆壅黃土而成，高度七米，直徑五五米，建造年代約為公元前五世紀中葉。時至戰國，墳丘墓迅速興起並廣泛流行。河北易縣的燕國下都遺址分布有二十餘座大墓，基底周長一六〇米至二〇〇米，高度達一〇米至一五米（圖三）。湖北江陵的楚都紀南城墓地，丘塚起伏，連綿成片，已發掘的天星觀一號墓，墳丘基底周長一百五十餘米，高度逾九米（圖四）。河北平山中山國王墓的封土高臺呈長方形，自上而下分為三層，周長四〇四米，高約一五米，在高臺上建造享堂，相當奢華與壯觀（圖五）。

戰國時期，厚葬風氣漸盛，君王卿侯的墓葬紛紛起造高墳大塚。『棺槨必重，葬埋必厚，衣衾必多，文綉必繁，丘壠必巨』（《墨子·節葬下》）是這個時期喪葬習俗的真切寫照。以高墳大塚為特徵的厚葬現象的主要形成原因有以下幾個方面：（一）社會制度的變革引起繼承制度的變化，家族私有財產繼承制逐漸取代宗族共有財產繼承制，人們的家族觀念加強，崇祖敬祖被視為維繫家族關係的最有效手段。（二）集權君主政體下的爵等制度日益嚴格和細化，反映到整個社會活動的各個方面。以往，族葬制度的等級差別主要表現在地下內容，如墓室的規模、棺槨的重數以及隨葬品的配置。新的爵等制度則更加重視喪葬在地上內容的等級差別，『營丘壠之大小、高卑、厚薄之度，貴賤之等級』（《呂氏春秋·孟冬紀》）。（三）禮制的孝道觀念為社會普遍接受，養觀其順，喪觀其哀，祭觀其敬，被視為孝行三舉。為了方便上墓祭祀而積土為塚標識祖塋，可能在民間已相當流行，『望墓而為壇，以時祭』（《禮記·曾子問》）。孔子也談到當時曾見過四種形式的墓塚，有『若堂者』、『若坊者』、『若覆廈屋者』、『若斧者』，並且給自己的父母做了四尺高的墳，以便日後回鄉祭祀。這種積土為塚、行祭彰孝的民間習俗極可能會對高墳大丘的流行產生最為直接的影響。還有，建築技術的進步推動了建築的發展，夯土及版築技術的成熟，磚瓦的產生，木結構技術的提高，這些都促使當時各國競相建造高臺建築。高臺崇樓激發了人們對建築宏偉規模和高大體量的審美追求，對陵墓建築的要求亦同于此。『宮室之量，器皿之度，棺槨之厚，丘封之大，此以大為貴也』（《禮記·禮器》）。

從此以後，高大的封土丘塚便為帝王陵墓所專有，幾乎世世相襲不殆，並且在形式和做法上不斷加強它的文化意義，使它發展成為社會禮儀制度的一個部份。

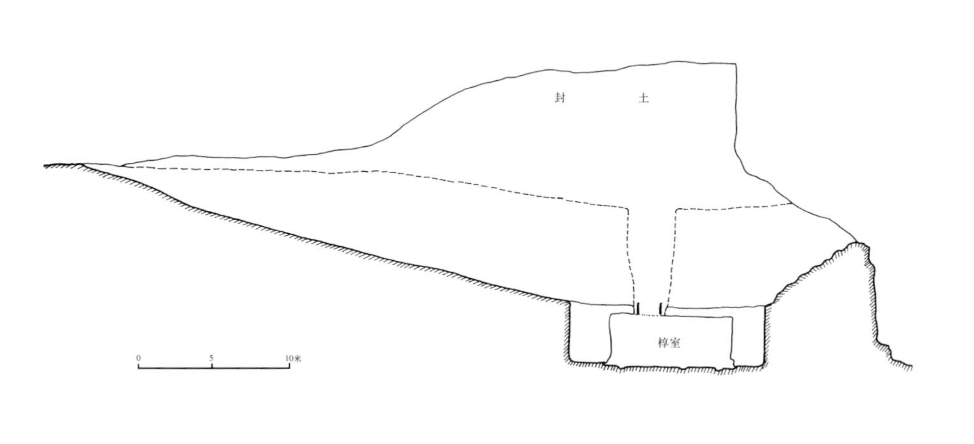

圖四　湖北江陵楚國一號墓（引自《考古學報》，一九八二年一期）

山與陵

戰國時代興厚葬，起丘塚，墓葬形式發展變化，墓的稱謂也隨之變化。春秋以前的史籍普遍稱『墓』，到戰國時代，將原本指山丘土堆的各種名詞冠于『墓』之前，以形會意，于是便有了諸如『丘墓』、『塚墓』等稱謂；進而，隨著墓葬封土的高低形狀不同，墓的稱謂開始帶有了尊卑等級的意義。

『山』與『陵』的原意指山岳。《尚書·堯典》曰：『湯湯洪水方割，蕩蕩懷山襄陵』。《禮記·月令》形容月亮『可以遠眺望，可以升山陵』。從戰國中期開始，『陵』字已被用來指君王的墳墓，《史記·趙世家》載趙肅侯十五年（公元前三三五年）『起壽陵』，這是歷史上君王墳墓被稱為陵的最早記載，同時，還記載有秦惠文王『葬公陵』（公元前三一一年），秦武王『葬永陵』（公元前三〇七年）的史實。另外，用『山陵』一詞來指君王也見諸這時期的史籍中，《戰國策·趙策四》記載觸讋說趙太后：『一旦山陵崩，長安君何以自託于趙？』《戰國策·秦策五》記載呂不韋游說陽泉君：『王之春秋高，一旦山陵崩，太子用事，君危于纍卵。』用『山陵』來指君王和將君王的墳墓稱為『陵』，在這一時期已是很普遍的說法。

山岳是大自然中最偉大的造化，橫亘起伏，巍峨崇峻，藏日月，出江河，呼吸雲靄氣霧，滋育生靈萬物，用山陵來比喻君王，既是將自然造化特徵人格化的比擬，也是古代物形類象、天人合一認識觀的體現。戰國時期流行的高墳大塚，形似山岳，而將它們稱之為『陵』，則是對君王尊貴地位的贊頌之詞。

秦朝建立後，秦始皇借用麗山之名來稱謂自己的陵墓，以體量雄偉的封土墓塚構成陵園的主體，命名為『麗山園』，並且獨用『山』字表示陵墓，秦始皇陵稱為『麗山』，具有一種蓋世超群的豪霸氣度。從此以後，帝王陵墓則常被稱為『山』或『陵』。

秦始皇陵前後修建了三十餘年，高大的封土墓塚形象如山。根據三國時期的《皇覽》記載，當時封土墓塚的高度仍達一二〇米，底邊周長二一六〇餘米，按此測算，堆積土方約一二〇〇萬立方米，這個規模在以後歷代帝陵中從來沒有被超過。西漢武帝茂陵的封土墓塚『高二十丈』（《漢舊儀》），合今公制為四六米，西漢其他帝陵的封土墓塚高度也在三〇米上下。到了唐代，經濟發達，國力強盛，帝王陵墓一改秦漢舊制，採取因山為陵，在天然山峰中開鑿墓室。唐太宗李世民的昭陵以九嵕山主峰為陵墓，海拔高度一一八八米，氣勢恢宏壯闊，將山陵的傳統觀念表達到了登峰造極的地步。

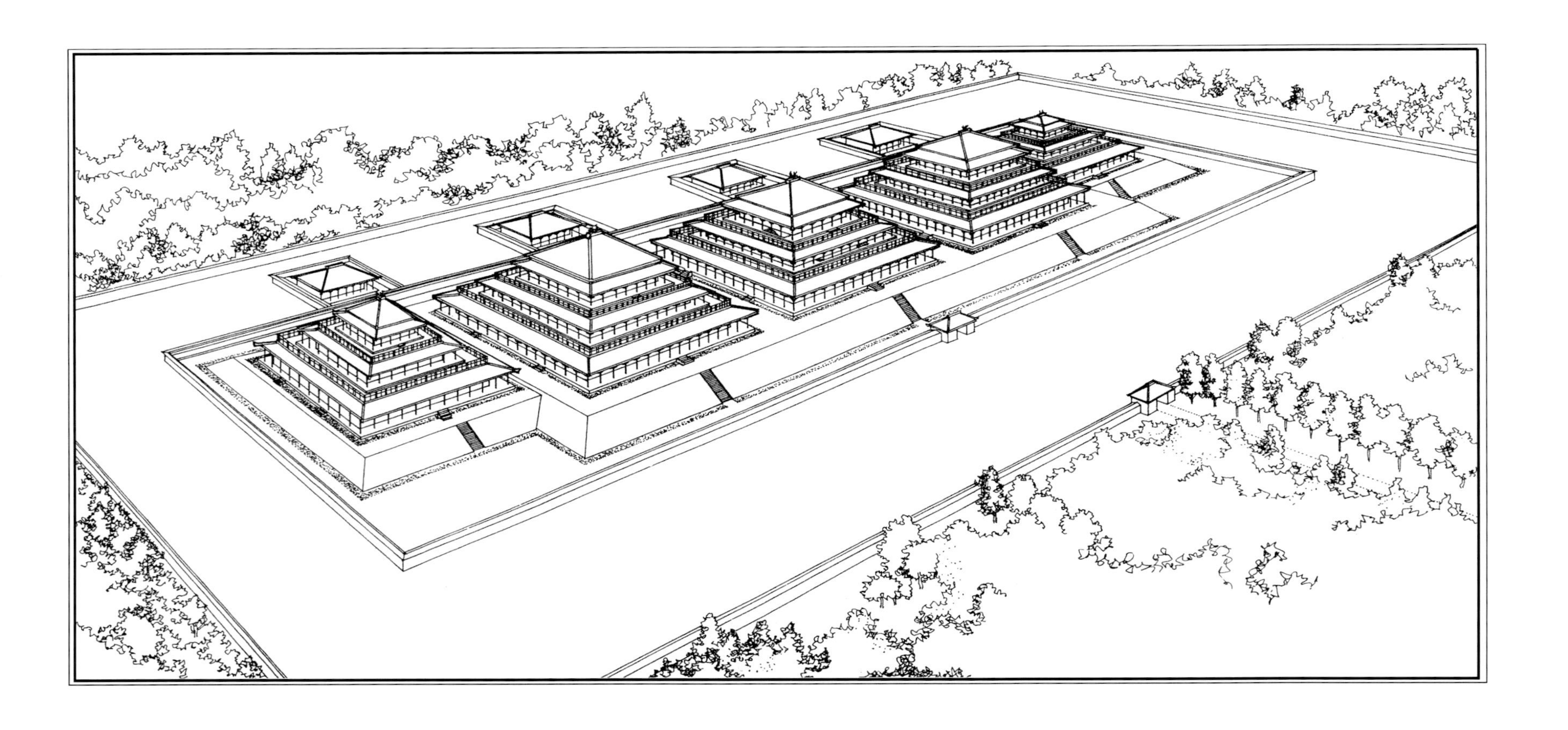

圖五　河北平山中山國王墓復原想象圖（引自《楊鴻勛建築考古論文集》，文物出版社，一九八七年）

封土墓塚的形式以四方錐臺形式為最高規格，帝王陵墓多以此式為制度，比附山丘之形，並且諱稱為『方中』或『方上』。這種墓塚多係人工層層壅壘黃土碎築而成，下大上小，頂部削平，樣子很像一隻倒著放置的斗，俗語稱之為覆斗形。秦漢時期的帝陵封土均為覆斗形，唐朝因山為陵不起墓塚，北宋時期的形制有所改變，皇帝陵為三層階臺狀覆斗形，皇后陵為二層階臺狀覆斗形。明清兩代，帝陵封土變為圓形，諱稱『寶頂』。

喪葬觀念

在古代社會中，喪葬活動是一項非常重要的生活內容，從君王卿侯到黎民百姓，莫不予以極度的重視和竭力的行事，《儀禮》、《禮記》等典籍記載了喪葬活動中嚴苛繁冗的禮儀制度。與此同時，在喪葬活動的發展過程中，產生了形形色色的喪葬觀念。這些觀念表達了人類對生命現象和生死規律的困惑和探索，充滿著神秘而又深刻的文化意義，它們的影響甚至波及到了社會生活的許多方面。

靈魂不滅觀念是構成古代喪葬觀念的最根本和最古老的文化基礎。古人認為：人是由可見的肉體和不可見的靈魂結合而成，人的死亡衹是肉體的歿滅，而靈魂卻是不死的，仍然在人世間游蕩徘徊。新石器時期的半坡人在甕棺上留有供靈魂出入的小孔，說明了這種觀念的產生由來已久。在血緣氏族社會中，祖先或親族的靈魂被認為是能夠庇護本氏族成員的，因此葬殮死者、祭祀死者的根本目的是希冀得到死者靈魂的庇佑，使生者的日子過得安穩和滿意。

靈魂不死的觀念進一步推及到了自然萬物，『大凡生于天地之間者皆曰命，其萬物死皆曰折，人死曰鬼』（《禮記·祭法》），于是，產生了鬼神觀念。鬼，為人亡之靈；神，為自然之靈，鬼神都具有超乎尋常的能力，既能作祟于人，也能施惠于人，鬼神被賦予了人的性格。鬼神觀念在古代人的自然觀中占有很重要的位置，春秋戰國時期的墨子、老子、列子、孔子等先哲們都討論過靈魂與鬼神的問題。

這種被人格化了的鬼神不但具有超乎尋常的能力，而且能夠與人類交流，『鬼神之能，賞賢而罰暴也，蓋本施之國家，施之萬民，實所以治國家利萬民之道也』（《墨子·明鬼下》）。這種鬼神通人的觀念在商周時代極為盛行，凡舉國家大事皆要敬祀鬼神、龜卜蓍筮，以天命決斷人事。在喪葬活動中更是追求隆重豪奢，墓室深闊，棺椁厚重，祭奠奉獻，殺殉陪葬，事鬼敬神。

在靈魂有知、鬼神通人的喪葬觀念支配下，一方面將陵墓看作是人與鬼神聚散離合的場所，喪葬活動務求優厚崇奢，『刻金鏤玉，檽梓楩柟，良田造塋，黃壤致藏，多埋珍寶，偶人車馬，起造大塚，廣種松柏，廬舍祠堂，崇侈上潛』（《潛夫論・浮侈》）。另一方面又將靈魂鬼神比擬于人，『以為死人有知，與生人無以异』（《論衡・薄葬》），具有七情六欲，需要衣食住行。所以，侍奉死人要像對待活人一樣，即所謂『事死如事生』。秦漢時期，這種『事死如事生』的觀念已被納入封建禮教的範疇，因此，在陵墓中極力模倣生人的生活環境和生活内容。秦始皇陵的地宫内『宫觀百官，奇器珍怪徙藏滿之。……以水銀為百川江河大海，機相灌輸，上具天文，下具地理』（《史記・秦始皇紀》），實際上就是天地造化以及帝王宫禁的寫照。帝王陵園中普遍建造寢殿，陳列案几床櫃，衣冠被枕，定時進食盥洗，宫人僕役一應侍奉，如同生人在世，這種『事死如事生』的禮儀制度自秦漢始，一直沿襲至明清止。

春秋戰國時代，儒家首先將喪葬活動與『仁孝』聯係起來，孟子認為：上古時期人們『不葬其親』，後來發展到『虆梩埋之』，這是孝子仁心的舉動。在封建禮制中，『生而養，没則喪，喪畢則祭』被視為衡量孝子行為的三項標準，成為當時社會中最主要的倫理價值觀之一。

在這種價值觀基礎上，『厚葬以明孝』的喪葬觀念深入人心，『厚葬重幣者，則以為孝』（《鹽鐵論・散不足》），『世以厚葬為德，薄葬為鄙』（《漢書・光武帝紀》）。喪葬禮儀隆重，至誠盡孝，祈求感動祖宗的靈魂、賜福祛災，福蔭延嗣，家道興盛。就連孔子也承認，他給父母墓塚封土為的是方便祭祀、行舉孝道。相反，薄葬則是大逆不道的，荀子就認為，薄葬『是奸人之道而倍（背）叛之心也』（《禮論》）。如果説帝王陵墓的那種資費巨萬的厚葬是希望祖宗靈魂保佑福祚綿延的話，黎民百姓那種競相慕效，以至于廢室賣業的厚葬做法則更多的是一種遵奉孝德的行為。

這種觀念對古代喪葬活動的影響，使陵墓的營造成為古代建築歷史中極重要的建築活動。

廟寢形制

中國古時的信仰是以祖先崇拜為中心。祖先崇拜的起源很早，大約在原始氏族社會晚期，氏族公共墓地就産生了墓祭現象，它是人們對與自己有血緣關係的死去的先輩的緬懷。距今五千年的遼寧牛河梁紅山文化的公共墓地中央就有一座建築遺址，面積達一五〇餘平方米，這是墓地中出現祭祀建築的最早實例。

商代的墓祭已形成相當成熟的禮俗，河南安陽殷墟的商王武丁的配偶婦好墓以及其他大墓，都在墓壙口的上部發現有建築遺迹，這種建築的用途顯然是用于祭祀活動的。考古發現説明：早在堆壅封土起丘塚的做法産生以前，墓葬的地面上早已出現了墓上建築。

根據史籍記載，古代帝王陵園的營造皆依循陵寢制度，建造有『廟』和『寢』，廟居前，寢居後。廟内安放先祖列宗的神主牌位，定期祭祀。寢内陳列先祖的衣冠和生活用品，每日如同生前一樣悉心侍奉。

東漢文學家蔡邕（公元一三三年至一九二年）在《獨斷》中這樣解釋廟寢形制：『宗廟之制，古者以為人君之居，前有「朝」，後有「寢」，終則前制「廟」以象朝，後制「寢」以象寢。「廟」以藏主，列昭穆；「寢」有衣冠、几杖、象生之具，總謂之宮。』由此可見，廟寢形制是依照帝王生前的宮殿形制建造的，它的産生與『事死如事生』的觀念有著密切的聯係，而它的起源可以追溯到商周時代。

考古發現戰國時代陵墓就已有了陵寢建築。河南輝縣的戰國魏王陵墓上夯築有臺丘式封土，東西一三米，南北一五〇米，封土上面發現建築遺址。最具信服力的是河北平山中山王墓中出土的兆域圖銅版，上面標注出五座方形平面的『堂』，尊卑有别，形制嚴謹，這些建築的性質則是用于奉行『事死如事生』禮儀制度的陵寢。

歷史文獻記載，秦始皇陵的陵寢建于陵墓的旁側。今考古發現在秦始皇陵内城的墓塚以北一五〇米有一組建築遺址，出土了大量建築構件，其中有直徑六一厘米的半圓形夔紋瓦當，由此可以推定當年建築規模之宏偉，認為該處即為陵寢的所在。秦始皇的宗廟則建造在渭水以南，稱為『極廟』，尊號為『帝者祖廟』。

西漢帝陵的廟寢是分開布置的，陵寢遵從秦制，設于陵墓的旁側；而宗廟則設在陵園的附近。陵寢與宗廟之間設『衣冠出游道』，每逢宗廟舉行祭祀典禮時，就要把陵寢中庋藏的帝王生前穿戴過的衣冠搬到宗廟去接受祭拜。西漢帝陵的廟寢確切位置尚待考古的進一步確定。西漢中期，官宦富豪也模倣帝王陵墓的做法，紛紛在墓塚前建造祭祀祠堂，『富者積土成山，列樹成林，臺榭連閣，集觀增樓；中者祠堂屏閣，垣闕罘罳』（《鹽鐵論·散不足篇》）。從此以後，墓前建祠蔚然成風。

東漢時期，推行上陵禮，通常在陵寢中舉行盛大隆重的祭祀典禮，同時廢止了先祖各自立廟的舊制，將歷代神主供奉到一個祖廟中，這種做法無疑提升了陵寢的地位而降低了宗廟的規格。唐代帝王陵墓的陵寢制度出現較大的變革，陵塚以山岳象形，寢則一分為三：其一建在玄宮門之上，稱神游殿，供墓主靈魂出入。其二將上陵舉行祭祀典禮的獻殿建在朱雀門內。其三將侍奉墓主靈魂起居的寢宮移至山下近水泉處，以方便宮中生活。因寢宮與獻殿有位置高低之分，所以又將寢宮稱為下宮，獻殿稱為上宮。宗廟制度承襲東漢合立神主于一廟的做法，稱為太廟，擇處另建。至此，祭陵禮儀與祭祖禮儀在性質上便分離為兩式了。

北宋帝王陵墓基本沿襲唐代制度，上宮主要舉行奉獻祭祀禮儀，作用同獻殿，建造在南神門之內、陵臺之前的位置上。下宮即寢宮，侍奉靈魂的飲食起居，多建在陵臺的西北處。北宋的陵園以及建築規模遠比唐代遜色。

南宋帝王陵墓仍然依照北宋制度，陵園內修建上宮和下宮。上宮的主要建築有厝寄棺柩的龜頭屋，奉獻祭祀的獻殿，以及欞星門、殿門等。下宮的主要建築有寢殿、神廚、神游亭、庫室以及衣廳等。上宮下宮的作用與北宋時期是相同的。

不同時代帝王陵墓的廟寢形制雖然在營造制度上有所不同，但在禮儀制度方面所表達的意義則是一致的。

墓闕與墓碑

闕，原本指的是一種『其狀巍巍然高大』的高臺建築，也稱『象魏』，多用在宮殿、祠廟以及宅邸的入口處，用來標表身份等級。闕的最早記載見于《詩經·鄭風》：『挑兮達兮，在城闕兮』。春秋戰國時代，闕已經廣泛流行。《左傳·莊公二十一年》載：『鄭伯享王于闕西辟，樂備。』《左傳·哀公三年》也記載了魯國宮殿火災，御公立于象魏之外。秦代以前的王侯宮殿常用闕的數目來標表身份等級的次第。

陵園建闕的做法大約始于西漢中期，稱為『墓闕』。墓闕多建造在陵園入口的神道兩側，左右對稱布置，中央闕然為道。墓闕的形式可分為單闕、子母闕以及三出闕，並以此來作為身份等級與社會地位的標志，其中以三出闕的形式最為尊貴，多為帝王專用。兩漢時期，帝王陵園的入口神道兩側都曾建造有高大的墓闕，現存的秦漢帝王陵墓，因經年久遠，當時的墓闕均圮毀無存。保持至今的墓闕均為兩漢時期官宦墓地的石闕，如山東平邑的皇聖卿闕，河南登封的少室闕，四川渠縣的馮煥闕，四川綿陽的平楊府君闕等，其中以四川雅安的高頤墓西闕（公元二〇九年）保存最為完整。

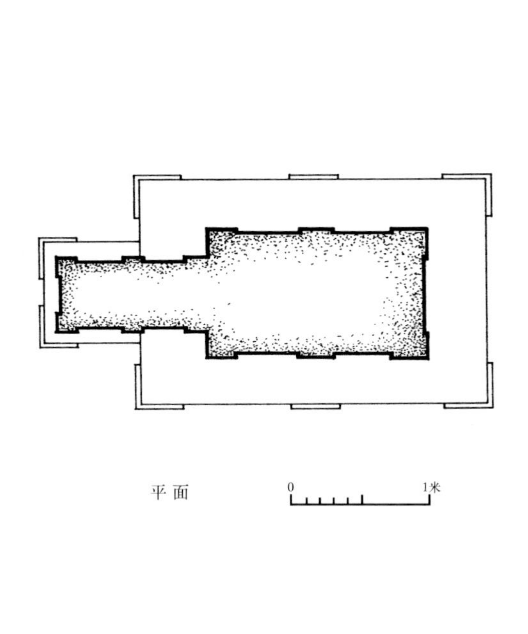

圖六　四川雅安東漢高頤墓闕（引自《中國古代建築史》，中國建築工業出版社，一九八〇年）

高頤墓闕的形式為子母闕，由紅砂岩石壘砌雕鑿而成，通體高度六米。整個墓闕的建築造型模倣木結構建築，臺基、屋身、屋檐，形制完備；斗栱、額枋、檐椽，構件俱全；重檐屋頂，平緩舒展，細膩而完整地刻劃出當時木結構建築的形象（圖六）。

唐代帝王實行因山為陵，選擇山形地勢以合乎風水說中的上吉之地的峰巒岡阜來營造陵園，墓闕的做法也因此而達到巧取自然形勝的效果。唐高宗李治與武則天合葬的乾陵在規劃營造上以梁山主峰為陵，主峰南面的兩座山丘為闕，中央開闢神道，端直而下長達四公里。在神道起點處遠眺乾陵形勢，山陵高大雄偉，兩側的兩座山丘左右拱衛，這種巧妙因藉自然形勝的手法，使得乾陵更加突出了威嚴隆重的氣氛。

宋代帝王陵園的入口仍採用墓闕的做法，但規模和尺度都比漢唐時期的墓闕要小得多，明清時期的帝王陵園已取消了墓闕。

碑，原本是豎長的石柱，常立在庭院當中測量日影，推斷時辰；或栽在宗廟門口用來拴繫犧牲，春秋戰國時的文獻多有記載，如『宮必有碑，所以識日影，引陰陽也』（《儀禮·聘禮》鄭玄注）；『祭之日，君牽牲，……，既入廟門麗（義為拴繫）于碑』（《禮記·祭義》）。

墓碑起源于豐碑，其形狀有如石柱，上部鑿一圓孔，稱為『穿』。舉行葬殮儀式時，將豐碑插在墓壙的四角，從圓孔內穿引繩索懸繫棺椁，以豐碑為支點，引導棺椁墜于墓壙中。最初的豐碑是木製的，後來出現石製的。棺椁放入墓壙之

圖七　山東肥城東漢孝堂山石祠（引自《中國古代建築史》，中國建築工業出版社，一九八〇年）

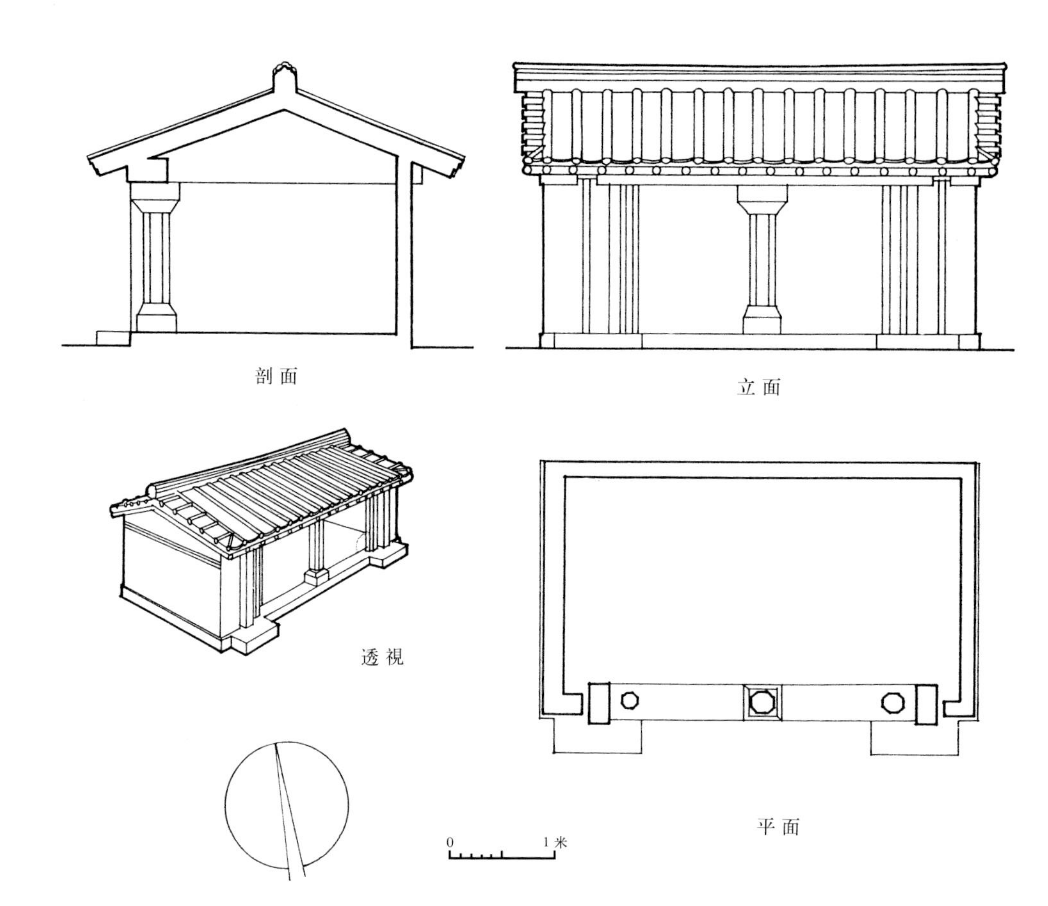

後，豐碑也隨之埋入墓中。東漢以後，豐碑多採用石頭鑿製，葬殮儀式結束後既不撤除，也不埋入墓壙中，而是在豐碑上刻上墓主的官爵姓名，作為墓塚前的一種標志，于是產生了墓碑。東漢時期墓前立碑的做法蔚然成風，上至帝王下及官宦紛紛立碑刻石，甚至庶民百姓也起來效倣。這時期的墓碑碑額多為圭首形、圓弧形以及方形，上端常常鑿有一個圓孔，仍保留早期豐碑的遺制。

唐宋時期，墓碑成為陵墓中必不可少的內容之一，不但形制獨特、手法成熟，同時也產生了嚴格的等級制度。現存唐乾陵的兩通石碑為唐代墓碑的代表作，一為無字碑，碑額半圓形，碑高六・三米，寬一・八米，厚一・三米，通體無一文字，故稱無字碑。另一通為述聖記碑，平面方形，造型模倣房屋，由基座、碑身以及單檐廡殿式碑頂組成，通高約七米。述聖記全文八千餘字，為武則天撰，唐中宗李哲書，筆力工健。當時官宦的墓碑也依等制式，如五品以上為螭首龜趺，高度九尺，七品以上為圭首方趺，高度四尺等，不得隨意逾越。

明清時期更把墓碑的形制作為等級制度的特殊標志，規定更加繁瑣，做法也愈加複雜，如一品為螭首龜趺，二品為麒麟首龜趺，三品為天祿首龜趺，四至七品為圓首方趺等，不一而足，墓碑的高度、寬度皆有次第之分。

石刻與雕像

在『靈魂不死』觀念的支配下，陵墓的奢華與不朽成為古人的追求，隨著陵墓在地面上的內容增多，規模增大，修建陵墓所用材料的耐久性也就受到了更多的重視。古代常用的建築材料中，石頭是最為堅硬、最為耐

圖八　南京南朝蕭景墓墓表（引自《中國古代建築史》，中國建築工業出版社，一九八○年）

圖九　北京東漢書佐秦君墓墓表（引自《中國古代建築史》，中國建築工業出版社，一九八○年）

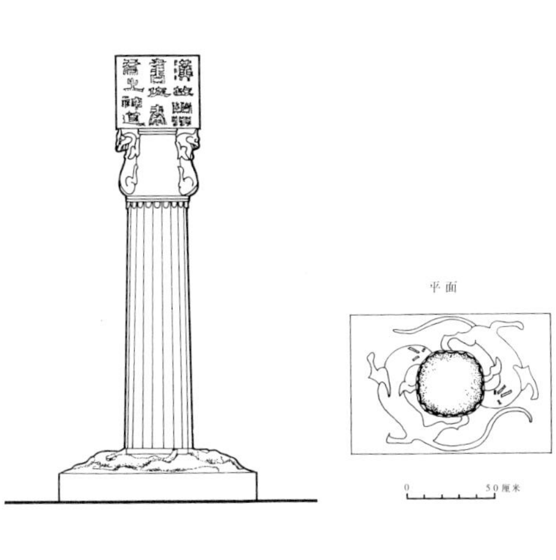

久的。秦漢以來，大量的鐵器成為主要生產工具，對建築材料的加工能力進一步提高，早期以土木材料為主的陵園建築愈來愈多地採用石材來建造，逐漸出現了專門以石材為加工對象的墓地石刻和雕像，并且，這種做法很快地形成制度。墓地石刻和雕像主要分為三種類型：第一種類型是以先前的土木材料建築為形制，將他們改變成用石材建造的墓地建築，如石祠、石闕等，保留先前的祭祀行禮等功能。第二種類型是墓地標志，如華表、神道石柱、石碑等，主要作用是表示墓主的地位與身份。第三種類型是墓地雕像，如石象生等，主要用作驅邪的鎮物以及飾表的儀衛。

兩漢時期，由于受到帝王陵墓中的廟寢形制的影響，祭祖的祠堂成為官宦富豪墓地中至為重要的建築內容，為了彰顯孝道及葬儀的奢華，用石材建造祠堂成為一時風尚。北魏地理學家酈道元在《水經注》中記載有當時遺存的東漢官宦墓前的石室、石祠、石廟以及石樓，其中『有石闕、祠堂、石室三間，椽架高丈餘，鏤石作椽瓦，屋施平天造方井，側荷梁柱，四壁隱起，雕刻為君臣官屬、龜龍麟鳳之文，飛禽走獸之像，作製工麗，不甚傷毀。』與建石祠的風氣甚至反過來影響到帝王陵墓，東漢明帝顯節陵、章帝敬陵、和帝慎陵、英帝恭陵都曾用石祠來替代土木結構的寢殿。

現存漢代石祠中，最知名者為山東歷城的孝堂山石祠。祠平面長方形，面闊兩間三・八一米，進深一間二・○八米，單檐懸山頂，整體模倣木結構建築形式，石壁布滿銘刻和畫像，內容有日月星辰、山川人物、草木禽獸，紋飾精美。石祠內有一座祭壇，顯然是用于祭祀活動的（圖七）。

華表用于墓地的歷史也相當早，據文獻記載戰國『燕昭王墓前華表』（《太平御覽・卷一九八》）。當時的華表是木製的，用來標表葬地便于辨識。兩漢時期，墓前樹立華表的做法已很流行。後來，華表又派生出各種形式的神道石柱，石柱上面多鐫刻銘文，表明墓主的身份。石柱多樹立于神道旁側，著重突出標表辨識的作用，同時，與石象生、石碑、石闕、石祠配合呼應，共同烘托出墓地中凝重肅穆的環境氣氛。

保留至今的石柱有北京漢幽州書佐秦君墓石柱、南京南朝梁代蕭景墓石柱、江寧南朝梁代蕭績墓石柱、易縣北齊義慈惠石柱等。其中以蕭景墓石柱最為精緻，比例勻稱，造型優美（圖八、九、一○）。

神道樹立華表或石柱的制度自西漢形成，而後歷代沿襲，一直流傳到明清，所不同的祇是在形式上各個時代有所差异。

古代陵墓前設置的各種石人石獸雕像通稱『石象生』。現存墓前石獸雕像的最早實例

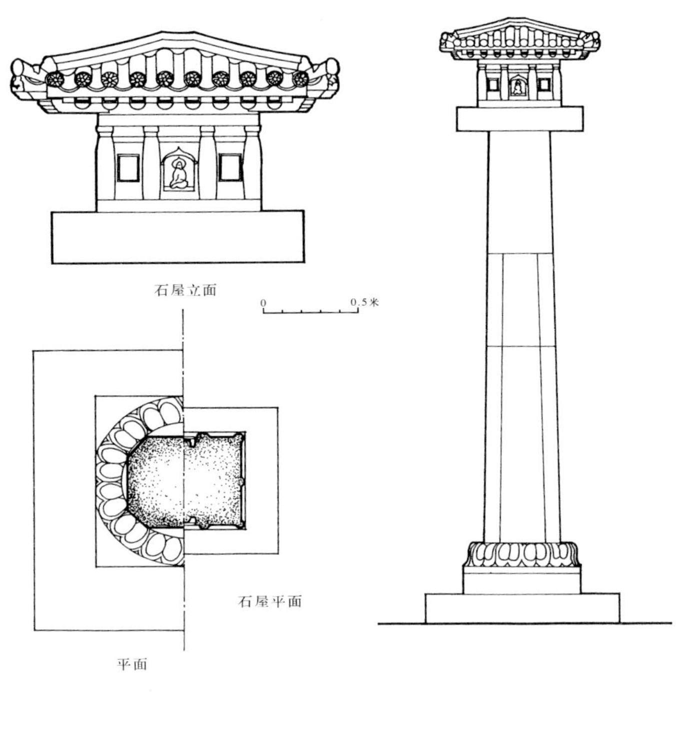

圖一〇　河北定興北齊義慈惠石柱（引自《中國古代建築史》，中國建築工業出版社，一九八〇年）

見于西漢名將霍去病墓，現仍保存有『馬踏匈奴』、『力士抱熊』、『怪獸啖羊』等石獸十餘尊，是用來為墓主紀功表彰的。東漢時期，墓地中石象生的內容不斷增多，主要有天祿（一種神獸，也稱辟邪）、虎、馬、牛、駝、獅等。設置石象生的一個重要目的是認為可以驅邪鎮鬼。南朝帝王陵墓前常設置一對石神獸，頭大頸細、長鬚垂頷，兩肩有翼，類似獅子，形象基本統一，很可能屬于帝王陵墓專用的石象生。

唐代帝王陵墓神道兩側排列石刻雕像的做法，始自恭陵（唐高宗太子李弘墓，在河南偃師），到乾陵纔逐漸完備而形成定制。神道前以石柱領先，然後排列翼馬、朱雀、石馬、文臣、武將、蕃酋等石象生，陵墓牆垣四門闕前列置石獅及石碑。此後的定陵、橋陵、泰陵、建陵諸陵基本承襲此制度。至于親臣重將的墓前，石刻雕像均依制削減，等級分明，內容也有所不同。

宋代帝王陵墓的神道前依舊設置石刻雕像，并且內容有所增加，依次為石柱、象、朱雀、甪端、馬、虎、羊、蕃使、文臣、武士、宮人，神門兩側列置石獅，制度基本一致。因為陵園規模不及唐代，石刻雕像的高度較低，排列得也緊湊一些。

明代的神道石刻雕像，除去那些看上去體量弱小的朱雀、羊，增設體量雄大的駱駝、麒麟、獬豸，姿勢有站立有匍臥，神態更顯得溫和馴順。清代基本承襲明代制度。

二、墓室與棺椁

墓壙與墓室的形制

在中國古代喪葬文化中，墓室的形制與住宅的格局之間存在著至為密切的關係。這是因為古人一直是憑藉活生生的現實生活去認識死亡現象的，恪奉『事死如事生』的觀念，因此常常模倣活人的生活場景來構思和營造死後的葬身之所，并把它視為另一種性質的宅舍，後來就將墳墓稱為『陰宅』，而將活人的住宅稱為『陽宅』。《儀禮·士

圖一一　河南安陽殷商王族“亞字形”墓壙（引自《中國喪葬禮俗》，浙江人民出版社，一九九一年）
圖一二　河南安陽殷商王族“中字形”墓壙（引自《中國喪葬禮俗》，浙江人民出版社，一九九一年）

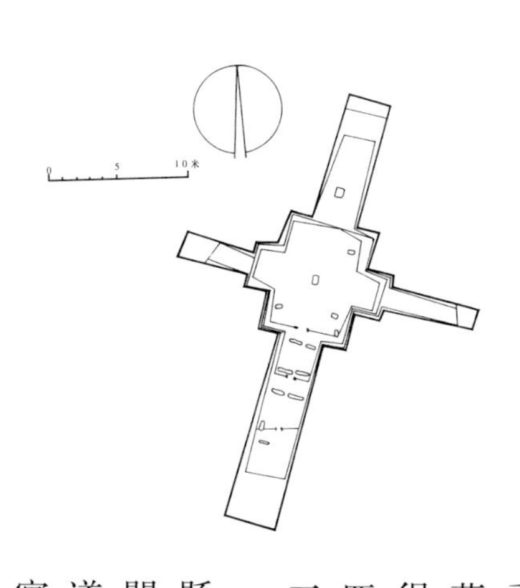

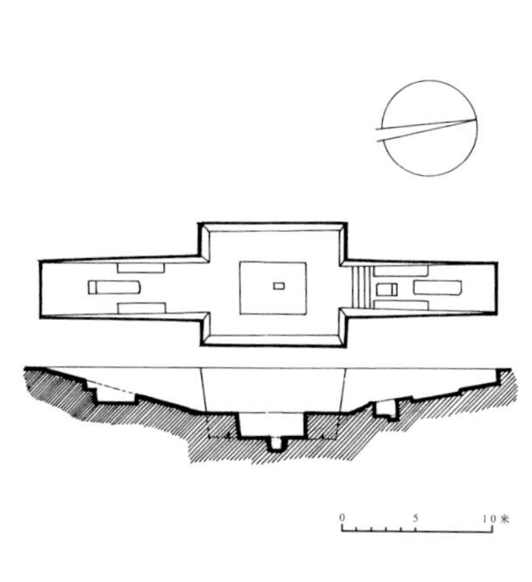

喪禮》曰：『筮宅，冢人營之。』鄭玄注：『宅，葬居也。』《禮記・雜記上》：『大夫卜宅與葬日。』正是由于這種認識觀念，墓室形制的發展也就愈來愈多地反映著住宅格局的變化。

新石器時期，最早的墓葬不過是一種竪直的坑穴，極其簡單，稱為墓壙。稍後，墓壙的坑穴向橫側擴展，往往凸出一小段長方形的墓道，墓壙開始出現了形式上的變化。當然，這種形式上的變化主要是滿足葬殮功能的，而不是模倣甚麼住宅。

商殷時期的墓葬已出現了相當嚴格的墓壙形制。河南安陽殷墟發現大量的商代貴族墓葬，根據墓壙平面的形狀特徵可分為亞字形、中字形、甲字形。亞字形墓壙為長方形或亞字形，墓壙四壁各斜出一條墓道，稱為『羨道』，墓壙的面積達三三〇平方米。中字形墓壙在南北兩壁各斜出一條墓道（圖一一、一二）。甲字形墓壙則斜出一條墓道。各種類型的墓壙都在墓底正中設一長方形的小坑穴，稱為『腰坑』，常常殉葬有狗或人。這種做法與地面蓋房時設奠基坑覆埋殉奴或殉畜的習俗有著密切的關係，也可以認為，這是將地面建築的觀念引伸到地下墓壙的最直接的例證。

周代承襲商代的墓壙形制。在反映禮儀制度方面比商代有了更進一步的發展，這樣就大大鞏固了商代墓壙形制的正統地位。從河南浚縣的春秋時期衛國諸侯墓的墓壙形制來看，周代力行的禮制確實加強了商代墓壙形制對後世的影響。這一時期的大型墓葬往往在墓壙附近挖掘坑穴，埋置車馬，稱為『車馬坑』。車馬在當時是財富和權力的象徵，埋置得愈多，表明墓主的身份愈高。北京琉璃河燕國貴族墓的車馬坑，埋車五輛，埋馬十五匹，所有馬頭朝向北。河南浚縣的衛國諸侯墓的車馬坑，規模最大的埋車十二輛、埋馬七二匹。這種習俗延至西漢，車馬便直接埋置在墓室當中了。

春秋戰國時期仍以商周的墓壙形制為發展主流，例如河北平山的中山國王墓、河南輝縣的魏國王墓、陝西鳳翔的秦國公墓，君王的墓壙形制幾乎都是中字形，墓壙深幽、規模闊大。而侯卿貴族的墓壙，墓壙形制為甲字形或口字形，一般僅有一條墓道或者沒有墓道，足見墓壙形制也存在著嚴格的等級制度。墓壙與棺椁之間用泥膏、木炭和砂土填塞充實，沒有空餘的空間。因此，在空間形態上，這種墓壙的做法與地面住宅的格局之間尚存在較大的差別。

秦漢是墓葬制度發生最為顯著變革的時期，一方面，在地面上以高墳大冢為時尚；另一方面，墓室的建造更多地體現了地面建築的觀念，使墓室形制日益向『第宅化』發展。史籍描述秦始皇陵的墓室內『宮觀百官、奇器珍怪徙藏滿之』，『以水銀為百川江河大

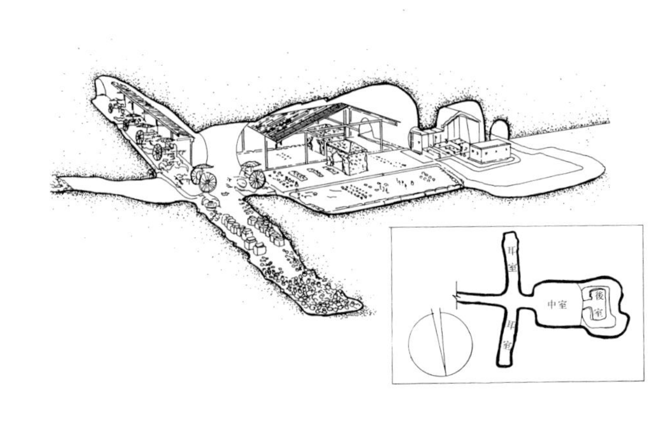

圖一三 河北滿城西漢劉勝墓（引自《漢代考古學概説》，文物出版社）

海，機相灌輸，上具天文，下具地理』，墓室內部空間敞闊宏麗。從兵馬俑坑的考古發現可知，當時已具備建造這種地下墓室的技術條件。

漢代的大型墓葬逐漸採用磚石材料砌築墓室，在墓室內庋藏各種陪葬器物。這種墓室的做法在空間形態上與地面住宅的格局已經很大程度地相似起來，墓室與住宅在建築意義上逐漸趨向一致，陰宅與陽宅也就成為兩種不同使用目的的建築形式了。

河北滿城發現的西漢中山靖王劉勝墓，整個墓室由前室、後室和左右耳室構成，前室寬大，有如廳堂，陳列幕幄帷帳和主要陪葬器物。後室幽密，類似寢室，放置棺柩。左右耳室模倣倉廩，分別擺設車馬和盛放食物的陶器。前室和耳室以木材為構架，搭成棚舍，屋面鋪敷板瓦。後室用石板砌築成房屋，硬山屋頂，雙扇門扉，墓室形制可以說完全脱模于地面建築的格局（圖一三）。

河南密縣發現的東漢張伯雅（？）墓，墓的中室是一個狹長形空間，南北面闊，東西面窄，六間墓室全部沿著中室的四壁布置，西室布置祭臺，前室開雙道門直通甬道。墓室四壁布滿畫像，有出行、引謁、伺奉、庖厨、宴飲、收租等場面，內容豐富，反映墓主生前的生活情況。據研究，該墓的平面布局與當地的『地坑天井院』式窑洞民居有著歷史上的淵源關係（圖一四）。

漢代的墓室平面多為對稱式布局，有一條縱向的中軸綫，沿中軸綫分布二三個墓室，一般前室面積寬闊，後室空間狹促，墓室之間以門扉分隔，與漢代的住宅布局極其相似。山東沂南發現的東漢晚期石墓，墓室的布局恰與墓內一幅畫像石上的宅院布局基本一致。這些實例充分説明，漢代墓室形制的『第宅化』已經達到了相當稔熟的程度。

唐代，墓室形制的『第宅化』有了更為生動具體的表現，已發現的唐代皇親墓室多在墓道兩側描畫宮闕，開闢龕室，擺放陶俑，并且依照等級在墓道頂部開設數目不同的過洞天井，象徵著宮廷的重重院落和道道門禁。前室側壁描畫內廷生活景象，朱廊周圍，庭院儼然，宮娥宦奴，各行其事。後室石椁倣造面闊三間單檐歇山頂的殿堂，門鐺窗欞，一應俱全，表現的是墓主生前居住的寢殿，反映了唐代『墓為真宅』的喪葬觀念（圖一五）。南京南唐二帝李昇、李璟的欽陵、順陵，杭州吴越王錢元懽墓，成都前蜀國主王建墓，都採用前、中、後三室中軸貫通的做法，模倣古代禮制的三朝格局，不同程度地反映出這種墓室形制的建築特點。

宋代以後，墓室形制的特點則是在細部做法上進一步刻劃出地面木結構建築的造型特徵。河南禹縣的北宋趙大翁墓、山西侯馬的金代董氏兄弟墓，墓室內部用雕磚壘砌出柱

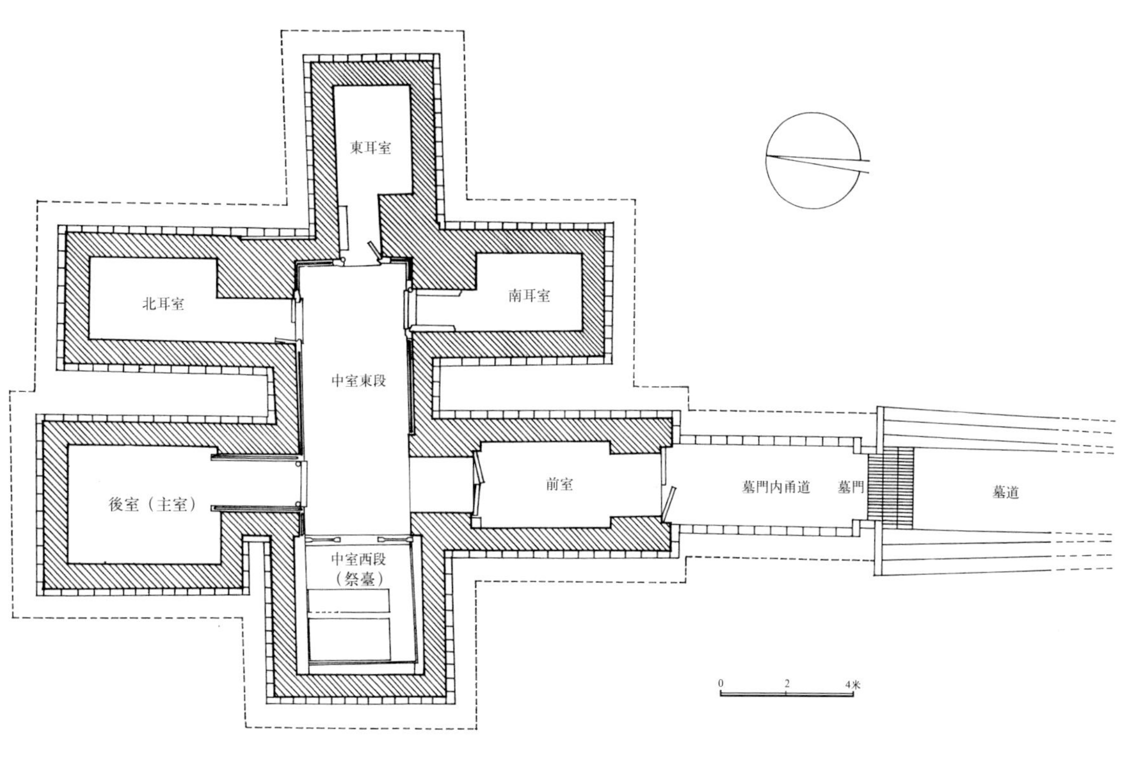

圖一四　河南密縣東漢一號墓平面（引自《密縣打虎亭漢墓》，文物出版社，一九九三年）

枋、斗栱、椽頭、瓦當，甚至門扇的菱紋窗櫺，歌伎舞女，爭奇鬥巧，繁飾華麗，雖然是建造在地下的墓室，但却如同為活人建造第宅那樣耗費用心和技巧（圖一六、一七）。

墓室形制『第宅化』發展愈來愈甚的現象，生動地體現了古代『事死如事生』的傳統喪葬觀念。換句話説，中國古代建築歷史的影像不但投印在地面上，也深深地留存在地面下。

墓室的構造技術

墓壙和墓室的發展是以喪葬觀念、建築材料以及構造技術等因素為基礎的。墓室的構造大致分為土結構、石結構、木結構以及磚結構，有些墓室或者採用不止一種結構做法。

土結構墓壙構造簡單，建造方便，適應早期生產力低下的勞動方式，從新石器時代出現後，一直沿用到西漢時期。商周以後，建築已廣泛採用版築技術，對生土材料的加工技術更加成熟，因此，土結構的墓壙構造技術也發展到空前的水平。河南安陽的殷墟大墓，墓壙面積達三三〇平方米，深度逾一五米，加上南北羨道，開挖土方超過一萬五千立方米。為了防止建造過程中墓壁坍塌，將墓壙四壁做成帶有收分的階臺形式。春秋戰國的湖北江陵楚國大墓，墓壁做成十五級階臺，逐級內收，規格整齊；這種做法既有效地減緩了墓壁的側推力，保證墓壙空間的安全，又便于從墓底向地面送土，加快施工速度。陝西鳳翔的秦公陵園中規模最大的一號墓，墓壙面積二千二百餘平方米，深度二四米，墓壁做成三級階臺，每級垂直相距六至八米不等。在南方潮濕地區，墓壙四壁用火烘烤，以使墓壁堅固。為了防止盜掘，避免水患浸漬和蟻螻侵害，墓壙內多用土石、泥炭、流沙填塞密實，以圖安寧與不朽。兩漢以後，通常使用磚石材料砌築墓室，那種完全採用夯土結構的墓壙構造技術則日漸式微了。

在中原地區採用夯土結構墓壙的同時，東北地區以及川、滇、閩、贛等地却流行石結構墓室。這些石結構墓室按照構造技術特點可

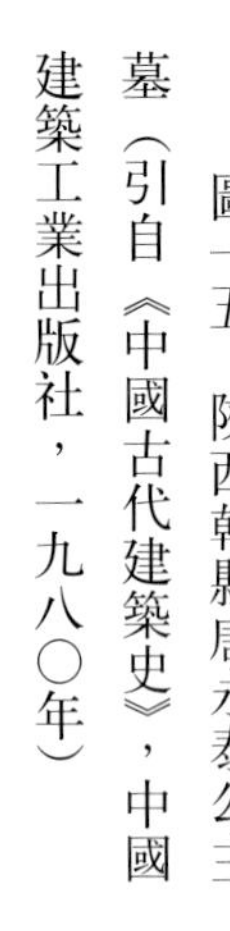

圖一五　陝西乾縣唐永泰公主墓（引自《中國古代建築史》，中國建築工業出版社，一九八〇年）

以分為兩種類型：一種是採用疊砌技術建造的墓室，另一種是採用鑿挖技術建造的崖洞墓室。

用石材料疊砌墓室的做法可以追溯到紅山文化時期的積石塚。遼寧凌源牛河梁發現的這一時期的公共墓地中，墓室採用天然石塊疊砌，內壁基本平直，外壁堆壘石塊，墓室頂口用石板封壓。這種採用疊砌技術建造的墓室多位于地面以上，而不是深埋在地下。與此實例相比，中原地區採用疊砌技術建造墓室的做法要晚得多，例如山東臨淄齊國故城郎家莊一號墓的墓室採用天然石塊疊砌。另外，河北平山中山國王墓的墓室也是石塊疊砌而成，石壁厚達二米多。由此可以認為，中原地區產生疊砌石墓室的做法大約在春秋戰國時代。

在山崖上鑿挖墓室的做法源于利用自然洞窟為墓室的傳統。典型的崖洞墓室為四川樂山的麻浩崖墓群。崖墓群鑿于東漢年間，沿凌雲山陡峭的山麓分布，計有六十餘處。崖墓的建築形制為隧洞式，墓室的深度一般為八至十二米，個別的超過一六米，石棺多置于墓室底部。其中一號崖墓鑿建出寬敞的祭堂，祭堂側壁上刻有『荊軻刺秦王』、『宴樂圖』等浮雕，在祭堂後壁再鑿建三個隧洞式墓室，深入山體，這種形制複雜的墓室可能屬于家族合葬墓（圖一八）。

兩漢時期，磚石材料被大量地用來建造墓室，促使墓室建築出現了一個蓬勃發展的階段。一方面，墓室更多地表現出第宅的形制與特點，平面布局複雜化，另一方面，墓室在建築結構和構造技術方面產生了很大的進步，筒拱結構、拱券結構以及疊澀穹窿的做法都是在這個時期產生并有所發展的。

廣州象崗山的南越王墓是疊砌墓室的典型實例。墓室平面模倣第宅形制，中軸對稱，共有七室，前部設前室和東西耳室，後部有主室、東西側室和後藏室。墓室全長一〇．八五米，寬一二．五米。全部墓室採用砂岩石板疊砌，黃泥敷縫，壁厚一．一米，室頂平鋪蓋頂石，朝向墓室的一面打琢平整（圖一九）。另外，山東沂南發現的東漢畫像石墓，除了採取石牆分隔空間外，還利用柱梁結構來劃分空間，解決蓋頂板的跨度問題（圖二〇）。

磚與石相比，雖然強度不及石材，可是製磚工耗節省，而且運輸與加工比較方便，特別是對于缺少石材的地區，磚不失為一種因地制宜的建築材料。西漢時期，用磚建造中小型墓室逐漸成為流行的方式。從河南洛陽發現的數例西漢墓室可以看到這個時期磚墓的構造技術特點。洛陽壇角村磚墓採用大型空心磚和小型

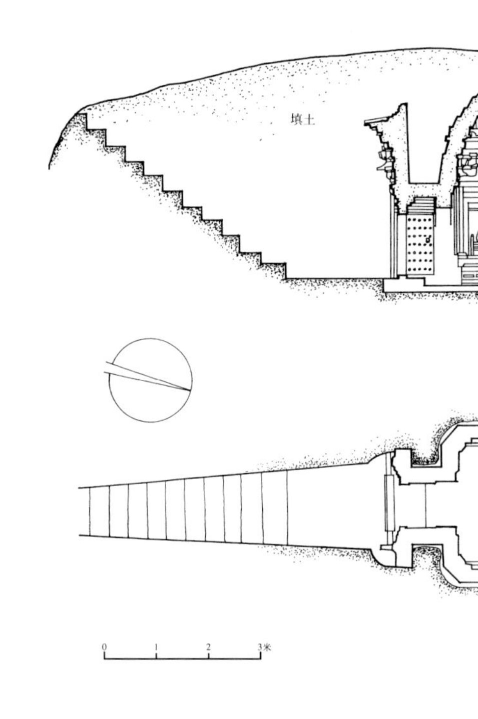

圖一六　河南禹縣北宋趙氏墓室（引自《中國古代建築史》，中國建築工業出版社，一九八〇年）

實心磚砌築墓室，主室用大型空心磚，磚長一・一二至一・三七米，寬〇・四二至〇・四四米，劃分主室空間的柱、梁、梯形隔牆以及蓋頂板皆為特製的空心磚，甚至在搭交處預製企口。耳室用小型實心磚，磚長〇・二六米，寬〇・一二米，厚〇・〇五米。在墓頂構造做法上，主室採用柱梁結構，平鋪大型空心磚；而耳室則採用拱券結構，立砌實心磚。主室與耳室的空間規模不同，因而採取不同規格的材料與不同的構造做法，可謂匠心獨運。另一例磚墓全部採用小型實心磚砌築墓室，在分隔主室與耳室的小拱券下面又加了一個三角形的磚梁和人像柱，用來加強小拱券的承載作用，甬道頂採用筒拱結構，而主室頂則砌築成穹窿形狀。

漢代廣泛採用磚石砌築墓室，這種做法在建築觀念上改變了商周以來採用木材棺椁為墓室的構造做法，發展成為在地下建造一座實實在在的類如地面房屋的墓室，這樣一來，墓室中不再是充塞封閉、密實無隙的，而是有著寬敞空間的地下宮室了。

曹魏時期倡行薄葬，風氣影響至兩晉。江蘇南京發現的東晉帝王墓，墓室形制較為簡單，僅有甬道和主室，墓室均為磚砌，拱券封頂，墓室底部砌排水溝疏洩積水，主室外壁砌扶壁磚垛，用來加強墓室牆壁的抗側推力，甬道的封門前加砌封門牆和擋土牆，最後在墓室上部覆土碚實。

唐代帝王陵墓尚未發掘，史載規模最大的昭陵『因九嵕層峰，鑿山西南，深七十五丈為玄宮，緣山傍岩，架梁為棧道，懸絕百仞』，結合實地勘察情況，其墓室構造很可能是崖洞形式的。目前，已發掘有乾陵陪葬墓永泰公主墓、章懷太子墓和懿德太子墓，昭陵陪葬墓長樂公主墓和韋夫人墓，這些墓葬的所在地土質豐厚，地下水位低，所以，墓室均採用地下挖掘的方法。墓道從地面斜向挖掘，然後分段開挖豎向天井，便于出土和通風，甬道採用水平挖掘，前後墓室規模相近，面積一般為二〇平方米左右。然後用磚砌築墓道、甬道和墓室，墓室頂砌成穹窿形狀，頂面繪製星象圖，地面上相對墓室的位置則堆壅封土形成墓塚。

五代時期的陵墓已發掘的有南唐二帝李昪的欽陵和李璟的順陵以及前蜀國主王建的永陵。南唐二帝陵依山傍崖修建墓室，平面上分為前、中、後三個墓室，每室左右又附有側室。其中欽陵規模最大，全長二二米，前室和中室用磚造，後室用石造。室頂的構造較為特殊，前室為磚砌半圓穹窿頂，中室為對角拱肋的攢尖穹窿頂，後室則從東西壁平挑疊澀，其上再密排石梁，壓封頂石板（圖一一）。前蜀國主永陵的墓室建在地面之上，長二三．五米，分為前、中、後三室，全部石造。墓室兩壁密砌壁柱，建半圓拱券，拱券上鋪敷石板。墓室外圍底脚砌築四層條石，然後堆壅封土（圖一二）。

宋代以後，隨著製磚技術的不斷發展，墓葬普遍採用磚墓構造，除了在構造上沿襲唐以來成熟的各種做法外，同時，在藝術表現上更加追求生動和具體，大量採用磚雕和彩繪的手法，竭力模倣地面的木結構建築形式，細部做法更是惟妙惟肖，淋漓盡致，墓室內部表現的不再是幽瘞清冷，而是充溢著奢華和綺麗的氣氛。

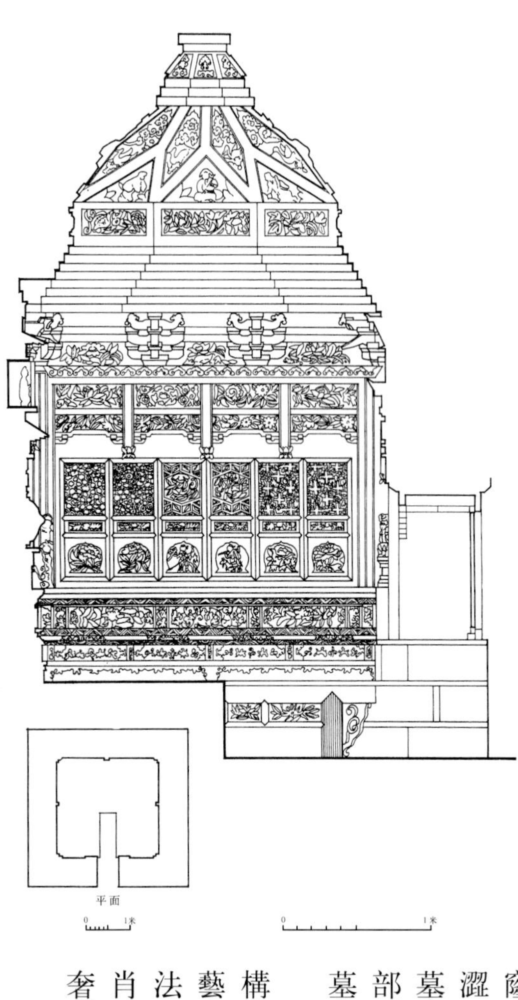

圖一七　山西侯馬金代董氏墓室（引自《中國古代建築史》，中國建築工業出版社，一九八〇年）

棺椁的產生與制度

棺椁是盛殮的葬具，它是古代社會文明進步的一種產物，具有強烈的時代文化特徵。關于棺椁的用途，《禮記．檀弓上》是這樣解釋的：『葬也者，藏也。……是故衣足以飾身，棺周于衣，椁周于棺，土周于椁，反壤樹之哉？』也就是說，棺用來殮屍，椁用來擋土，椁是套在棺的外圍的。《後漢書》卷三九載：『《易》曰：古之葬者，衣以薪，藏之中野，後世聖人易之以棺椁。棺椁之造，自黃帝始。』其中雖有附會成份，但可以作為藉證，棺椁產生的時間是相當早的。

考古資料證明，早在新石器時期的仰韶文化墓葬中就已經出現了棺，西安半坡遺址有陶製的甕棺，用來盛殮夭折的兒童。陝西華縣元君廟出土有礫石砌成的石棺。稍後的大汶口文化墓葬中已有了棺椁，山東鄒縣墓葬遺址的棺椁均用樹幹交叉壘疊成『井』字形的園框，沒有底和頂，棺與椁之間埋置各種陪葬器物。到了龍山文化時代，氏族首領的墓葬中已經廣泛使用『井』字形的木椁。

商周時期，棺椁的使用逐漸形成制度。那時的墓壙都是生土結構的，尚未出現石材砌築的墓室，實際上，厚重的椁就相當于木結構的墓室，其外抵擋墓壙中填充夯築的土石，其內安置棺柩以及埋置各種隨葬品。河南安陽的商王武丁配偶婦好墓的椁用原木製成，椁頂覆蓋有幔帳之類的織物，棺外則塗有多層漆飾。山東益都蘇埠屯發現的商代貴族墓，木

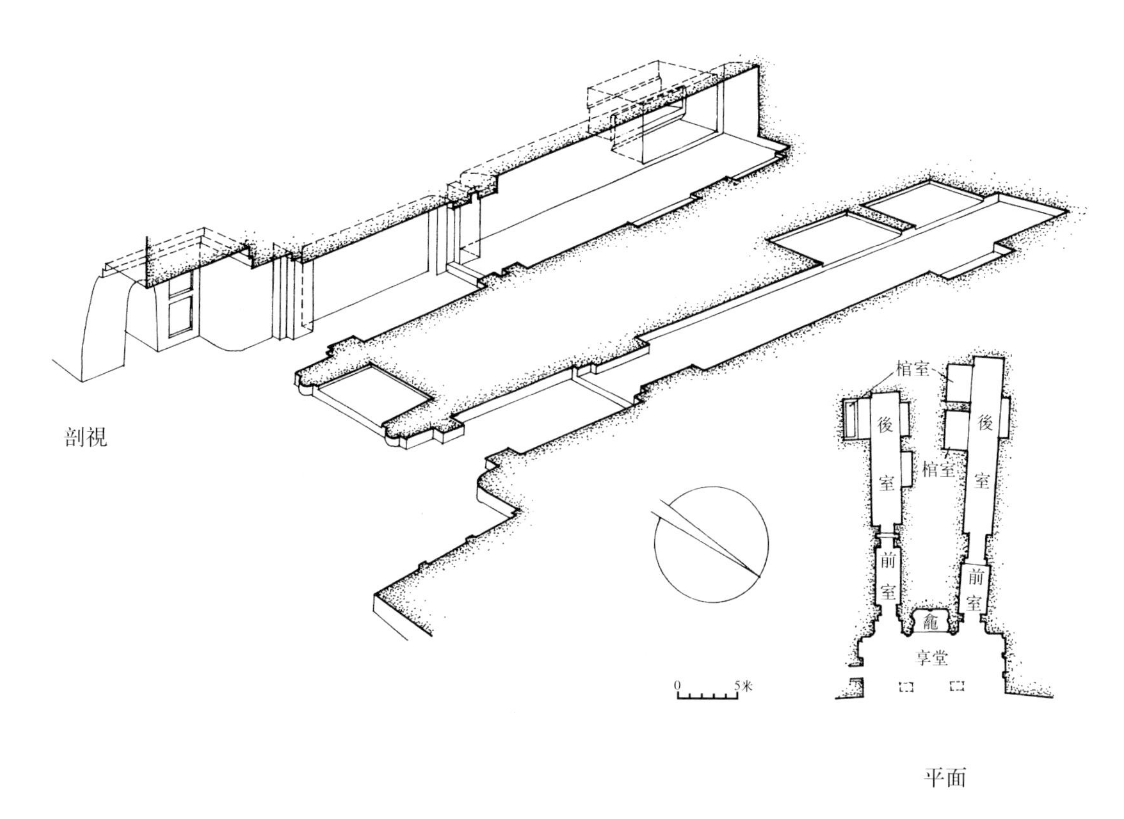

圖一八　四川樂山東漢崖墓（引自《中國古代建築史》，中國建築工業出版社，一九八〇年）

椁的平面為亞字形，長為四．五五米，高二．〇米，椁板厚十二厘米。甘肅靈臺發現的西周貴族潶伯墓用一椁一棺，而陝西寶雞的強伯和夫人井姬的合葬墓却用一椁二棺，這個時期，棺椁的重數已經成為墓葬制度中等級劃分的標志之一。

春秋戰國時期，棺椁制度的等級進一步被強調，逐漸形成一種價值觀念，成為封建社會禮制的組成部份。《禮記》詳列了棺椁制度的等級，天子一椁四棺，諸侯一椁三棺，大夫一椁二棺，士一椁一棺，甚至對棺椁的用料也做出規定：『君松椁，大夫柏椁，士雜木椁』（《禮記．喪大記》）。由于厚葬風氣盛行，棺椁的構造做法也是競相奢靡貴重，不但有木椁，還有石椁。據史載：宋文公卒，始厚葬，重器備，椁有四阿，棺有翰檜（《左傳．成公二年》）。齊桓公也好厚葬，布帛盡于衣衾，木材盡于棺椁（《韓非子．內儲説上》）。還有宋國的桓司馬，自己修鑿石椁，大概不得要領，結果三年功夫白白浪費，受到了孔子的譏誚（《禮記．檀弓上》）。考古發現這個時期的實例有河北平山的中山國王墓，椁位于墓室中部，平面近似方形，長一四．九米，寬一三．五米，棺放在椁室中。湖北江陵天星觀楚墓的椁採用規格整齊的楠木製作，椁室壁上描繪彩畫，棺為三重，層層相套，置于椁室中央（圖二三）。

椁的構造做法一般分為底板、蓋板以及四面壁板。它的形制模倣宮室，尺寸闊大寬敞，裏面再用木板劃分出不同的空間，依據位置分別稱為頭廂、邊廂、足廂及棺廂。根據研究認為：頭廂象徵宮室形制中的前朝，棺廂象徵後寢，邊廂象徵廂房，足廂象徵北堂或下室。棺廂放置安寢的棺柩，其他各廂則放置各類隨葬品。椁的重數多少、規模大小以及椁廂的分隔均依照制度有等級尊卑之分。

棺椁制度在秦漢之交已發展得相當完備，考古實例多與史載制度相吻合。湖北雲夢的秦漢墓群多為一椁一棺，椁室內分隔出頭廂、邊廂和棺廂，隨葬品都放置在頭廂和邊廂內。更有趣的是，有的棺椁在棺廂與頭廂之間的隔板上做出可以開啓的雙扇板門。最為典型的是長沙馬王堆的一號漢墓，出土有一椁四棺。最外層的椁用原木斫削成

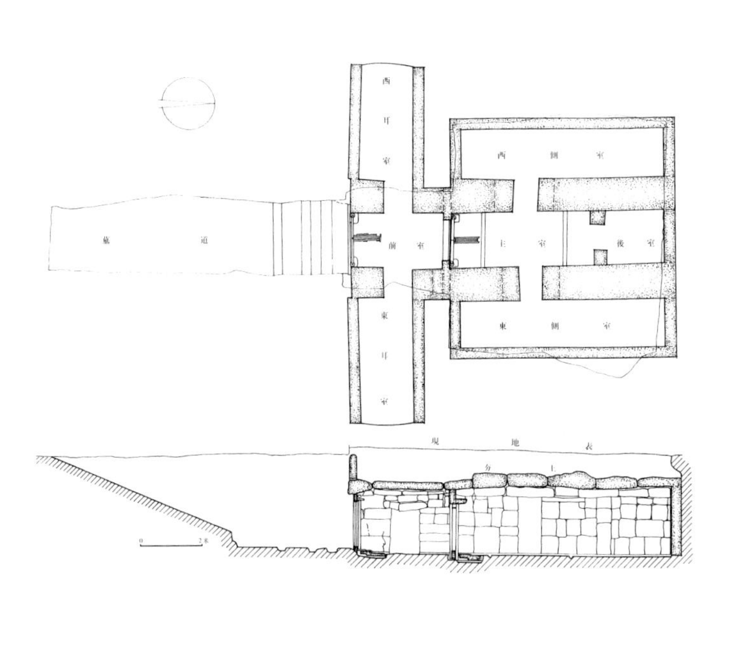

圖一九　廣州象崗西漢南越王墓（引自《考古》，一九八四年三期）

形，不加裝飾；頭層棺為素裝，內紅外黑；二層棺為黑地彩繪裝，描繪有雲氣紋樣和禽獸神怪；三層棺為朱地彩繪裝，描繪有龍、虎、朱雀、仙人；四層棺為內棺，內壁髹朱漆，外壁髹黑漆，再飾以圈錦和羽毛花絹，技藝十分考究（圖二四）。除了這些厚槨重棺以外，還流行一種被稱為『黃腸題湊』的葬制，更是一種豪華貴重的做法。

棺槨的用料也有講究，槨用松木、柏木，取寒暑常青之性；棺用楠木、梓木，用芳香耐朽之利。製作時更是極盡工事，奢製豪飾，複雜繁瑣，『工匠雕治，積累日月，計一棺之成，功將千萬。……東至樂浪，西至敦煌，萬里之中，相競用之。此之費工傷農，可為痛心！』東漢人王符（公元八五年至一六三年）在《潛夫論》中留下這千古叱責。

西漢中期以後，磚石墓室逐步取代了木槨墓室，隨之，棺槨制度也就失去了原有的基礎，迅速由興盛走向衰落。

獨特的『黃腸題湊』

『黃腸題湊』是漢代盛行的一種高級葬制。《漢書・霍光傳》蘇林注釋說：『以柏木黃心致纍棺外，故曰黃腸；木頭皆向內，故曰題湊。』這就是說：『黃腸』指的是葬具的材料與顏色，應該是黃心柏木；『題湊』指的是葬具的構造與形式，應該是壘疊而成，而且木頭皆朝內。

『黃腸題湊』的名稱，多見于漢代文獻，在此之前的史籍多稱為『題湊』。《呂氏春秋・孟冬記》載：『題湊之室，棺槨數襲，積石積炭，以圜其外』。《吳越春秋・闔閭內傳》載：『鑿池積土，文石為槨，題湊為中』。考古實例有河北平山中山國王墓出土的『兆域圖』銅版，銘文為：『夫人堂方百五十尺，其椑棺、中棺視哀後，其題湊長三尺 。』由此說明，題湊的做法在春秋戰國時就已出現，多為王侯所使用。

目前，考古發現黃腸題湊的較早實例是河北石家莊的長耳墓，時代為西漢初年，歷史上該墓曾遭盜掘和燒毀，但仍留有黃腸題湊做法的痕跡。墓壙底部的題湊木灰痕排列整齊，木頭皆朝向槨內，并與槨壁相垂直。湖南長沙陡壁山的西漢曹嫘墓，墓室為兩槨三棺，題湊由一七九根黃心柏木壘疊而成，圍合于槨室外壁，高度略低于槨壁。題湊木殘長多為〇・七至〇・九米，斷面多為〇・三米見方，槨室的底板甚至也密鋪柏木。在該地象鼻嘴發現的另一座西漢墓，墓室也為兩槨三棺，題湊平面呈凸字形，由九〇八根黃心柏木構成，沿外槨四周壘疊（圖二五）。

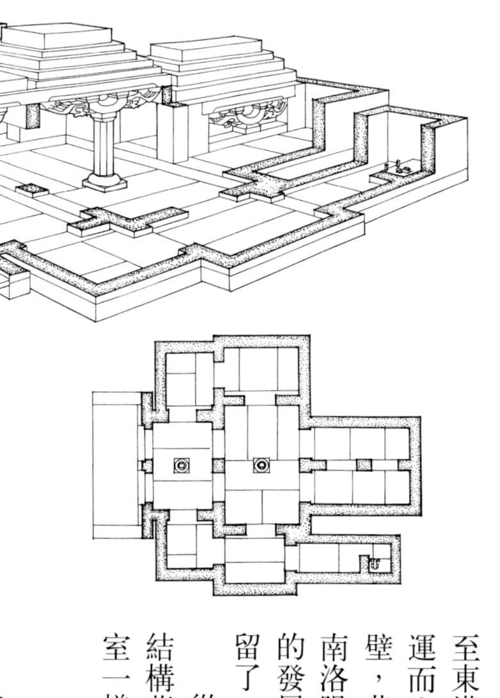

圖二〇　山東沂南東漢畫像石墓（引自《中國古代建築史》，中國建築工業出版社，一九八〇年）

規模最大的黃腸題湊是北京大葆臺西漢時期燕王劉旦和華容夫人的陵墓，墓室形制為二椁五棺。題湊平面為長方形，長一八米，寬一〇·八米，內部空間被劃分為前室、後室和內廊三部份，後室中央放置棺椁，題湊木共計一五八八〇根。棺椁和題湊的木材經鑒定：棺為楸木和楠木，椁為油松，題湊為柏木。該題湊的構造特點是，高度超過椁室，椁室蓋頂的楞木直接擱放在題湊上面，題湊起到了承重牆的作用，整個墓室結構更加穩固。

形制最為複雜的黃腸題湊發現于江蘇高郵天山的西漢某王墓，題湊內外各設有一層迴廊，用木板分隔成若干小間，上間的門扉或壁板上有『食官內户』、『中府內府』等字樣，擺設有俑、陶、漆、錢等隨葬器物。題湊南北設門，椁室分前、後二室，重棺置于後室。整個題湊的平面劃分嚴謹有制，宛如地面上宮廷的建築格局。題湊所用的八五七根楠木的端頭皆塗黃色顏料，以附會黃心柏木的形式。

黃腸題湊葬制規格等級高，耗費木材多，長期的濫用無度使得黃心柏木日益奇缺，時至東漢，隨著磚石墓室的廣泛流行，出現了用石頭取代木材的做法，于是，『黃腸石』應運而生。河北定縣北莊的東漢某王墓，用四千餘塊黃腸石壘成題湊，圍合在磚墓石的外壁，黃腸石長寬各約一米，厚約〇·二五米，部份石頭上還有銘刻和墨字。黃腸石墓在河南洛陽一帶多有發現，這與東漢時期此地為政治文化中心不無關係。東漢晚期，黃腸石墓的發展已近尾聲，黃腸石衹用來砌築墓壁或封堵墓門，已失去題湊的做法和作用，僅僅保留了一點象徵意義。

從結構形式和構造做法上比較，雖然題湊比木椁室更為繁瑣複雜，但是題湊仍屬于木結構墓室，衹是等級高貴，而且費工費料，正因為如此，題湊也像其他形式的木結構墓室一樣，至西漢後期，就被磚石墓室所替代，從而劃上了歷史終結的句號。

三、陵墓的環境

堪輿與墓地的選址

中國古代對陵墓的選址極其重視，講求墓地的方位、地勢和周圍的自然山水形態，因而形成了陵墓建築獨有的環境特徵。古代將墓地的選址納入『堪輿』的範疇。

『堪輿』，俗稱『風水』，還有稱『風角』、『青烏』、『形法』、『地理』等，它的基本

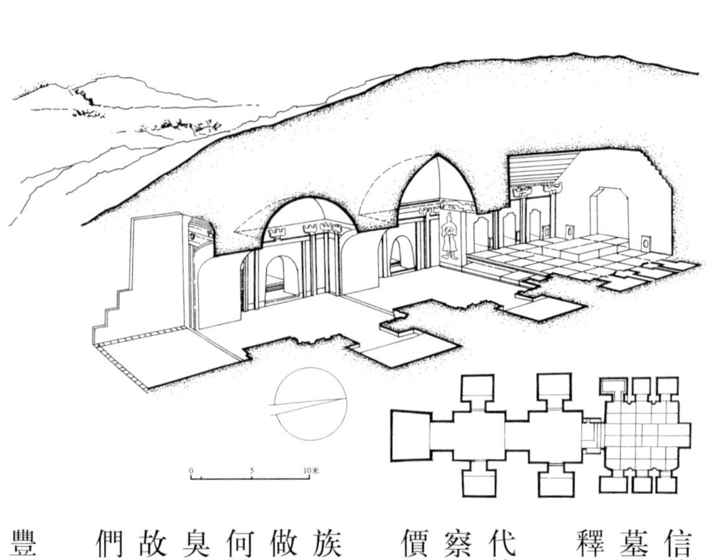

圖二一　江蘇江寧南唐欽陵（引自《中國古代建築史》，中國建築工業出版社，一九八〇年）

含義是中國古代人們對地理環境的認識思想和評價方法。在長期的文化演進過程中，堪輿說諸家紛紜、良莠混糅，裏面既凝結著樸素的唯物的科學內涵，也夾雜著唯心的成份和迷信的糟粕。古人對于所從事的有關地理環境的選擇活動，從營造城邑、修建宅舍、到相察墓地，無一不以堪輿說為指導，可以說，古代墓地的環境特徵也就是堪輿說形象的自然圖釋。

堪輿術源于商周時期的卜地相宅。在商代的卜辭中就有關于『卜地作邑』的記載，周代的相宅活動包括有陟、望、觀、度、卜這樣幾個步驟，這些活動的基本內容就是實施考察聚居地的環境，并且採用龜卜蓍筮的原始方法對有關的自然因素進行客觀與主觀的評價。

春秋戰國時期，隨著私有制的進一步發展，商周以來的族葬制度發生動搖，家庭或家族對于墓地的選擇有了更多的自由權利，于是產生了『卜其宅兆而安厝之』（《孝經》）的做法。這種做法的基本思想與『卜地相宅』是一致的，環境中的自然因素對墓葬的影響如何是選擇墓地的最根本的要求。《墨子·節葬》認為：理想墓地應該『下毋及泉，上毋通臭』。《呂氏春秋·節喪》中把道理說得更為明白，『葬淺則狐狸擔之，深則及于水泉。故凡葬必于高陵之上，以避狐狸之患，水泉之濕。』從這些記載中不難看出，這個時期人們對墓地環境的要求基本是出于功能的目的。

在『靈魂不滅、鬼神通人』的喪葬觀念支配下，墓地的選擇除了滿足地勢高敞、土質豐厚等物質要求外，又被附會上許多非物質的釋義，使得原本樸素的卜地相宅術變得複雜和神秘，這就是墓地堪輿術的濫觴。到了秦漢時期，有關堪輿的論說陡然興起，墓地堪輿說也就成為其中的一個主要內容。《漢書·郊祀志》記載：『長安東北有神氣，成五彩，若人冠冕焉，或曰東北神明之舍，西北神明之墓地。』可見當時人們已把堪輿說中的望氣觀象同墓地的落位選擇結合到一起。東漢初辭賦家馮衍選擇墓地時對環境的要求更高，『地勢高敞，四通廣大，南望驪山，北矚涇渭，東瞰河華，龍門之陽，三晉之路，西顧豐鎬，周秦之丘，宮觀之墟，通視千里，覽見舊都，遂定塋焉。』隨著堪輿說的廣泛流行，它不但著眼于墓地環境的地理形勢，同時又把墓地環境的優劣同世事的盛衰興替、命運的順舛福禍拉扯到一起。《後漢書·袁安傳》載：『安父沒，母使安訪求葬地，道逢三書生，問安何之，安為言其故。生乃指一處云「葬此地，當世為上公。」……于是遂葬其所占之地，故累世隆盛焉。』堪輿說中晦澀的隱義同世俗的目的聯係起來，成為當時喪葬活動中的一個重要的價值取向，墓地堪輿說也就益發受到人們的重視。

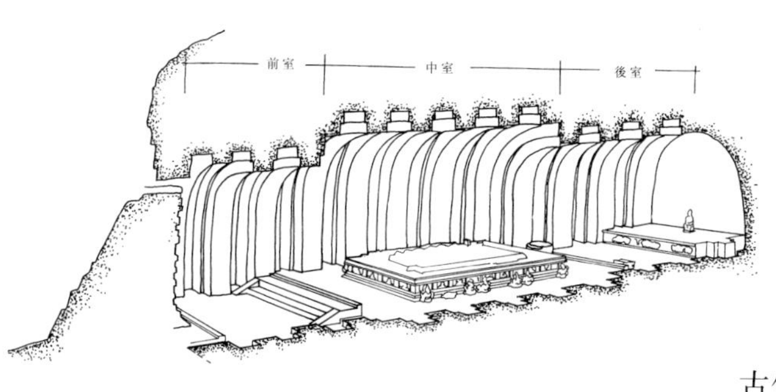

圖二二　四川成都前蜀國主永陵（引自《中國古代建築史》，中國建築工業出版社，一九八〇年）

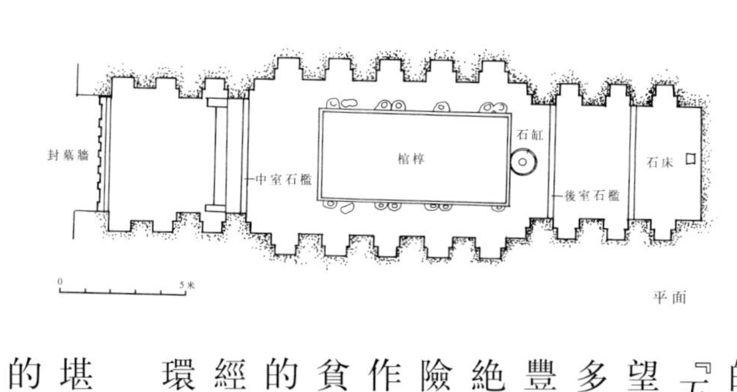

兩晉南北朝時期，墓地堪輿説逐漸發展形成為相當成熟的思想體系。有關堪輿説的代表人物有管輅和郭璞，據傳當時已有不少關于堪輿説的著作，可惜多已佚失。墓地堪輿説的基本思想為『生氣説』和『地形説』，前者認為天下萬物皆生發于『氣』，『葬者，乘生氣也，……生氣行乎地而生乎萬物』。後者進一步認為岡壠丘阜的形勢是聚散行止生氣的根本，『氣行乎地中，其行也，因地之勢；其聚也，因勢之止。丘壠之骨，岡阜之支，氣之所隨。』我們可以看出，墓地堪輿説所描繪的理想墓地應該是具有著良好的生態環境和地貌形態，實際上，它的基本思想不但適用于死人的塋域，同樣，也符合活人的聚居生活場所，這或許也是古代『事死如事生』的喪葬觀念所包含的意義。

唐宋時期，是堪輿説發展的高潮時期，對後世産生很大的影響。幾部關于墓地堪輿説的典籍，例如《葬書》、《黄帝宅經》、《地理新書》等，都是這個時期流傳下來的，堪輿説中的理氣派和形勢派也是在這個時期形成的。唐代的帝王陵墓深受堪輿説的影響，大多選擇在渭河北岸的岡阜與平原相交的地帶，背倚高山，河川襟帶，生態環境和地貌形態良好。北宋的帝王迷信『五音姓利』的相墓術，注重地貌形態，陵墓選擇在洛陽之東，北臨黄河，南望中岳，具有『山河之勝』的地理優勢。這個時期的墓地堪輿説摻雜進了更多的迷信觀念，例如宋末成書的《大漢原陵秘葬經》認為：葬地環境若是地豐肥厚、草木茂盛、山川靈秀、形勢穩健，將會『後世出三公九卿，官祿不絶』。墓地環境若是頽陷殘亂、枯瘦瘠薄、水衝砂斜，則遭『破敗絶嗣、惡崩險歿』，極力渲染堪輿説中詭譎叵測的神秘色彩，強化對于人們心理上的懾服作用，因而吸引了上至王侯公卿、下及黎民百姓衆多信奉者，紛紛以為子孫貧富貴賤，賢愚壽夭，盡繫于此。針對堪輿説中這些充滿迷信的觀念，當時的一些有識之士，如漢代的王充、唐代的呂才、北宋的司馬光、南宋的羅大經都曾著文加以批判。但是，墓地堪輿説長期盛行于中國古代社會，對墓地環境的選擇起著決定性的影響。

明清時期的堪輿説仍然繼承唐宋以來的思想，同時，對流傳于世的各種堪輿著作進行闡釋，闢謬解惑，校補纂修，考據之風大興。清朝廷組織編纂的《永樂大典》、《四庫全書》、《古今圖書集成》，收錄了幾乎所有流傳下來的堪輿著作。這種大規模的研究活動，一方面總結了前人的心得積纍，另一方面又助長了堪輿説在社會上的傳播。

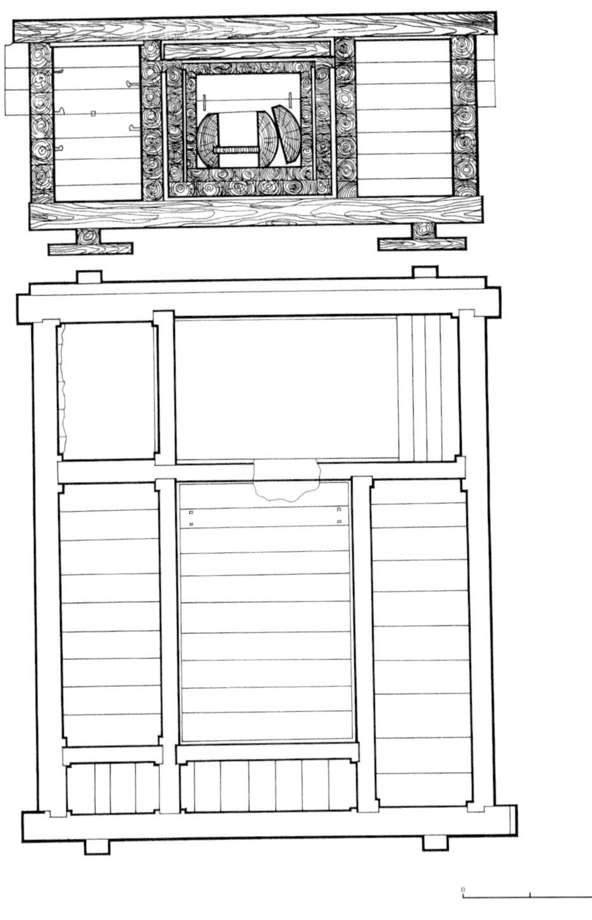

圖二三　湖北江陵天星觀楚墓棺槨（引自《考古學報》，一九八二年一期）

以今天的眼光來審視墓地堪輿說，當那些荒誕不經的糟粕被撇除剝離之後，仍可以顯現出一定的科學的合理成份，如追求人工建築與自然景觀的渾然一體，講究地貌形態的自然美感，注重陵墓區域的生態小環境的質量，提供四季常青的綠化植被……這些做法無疑有利于烘托一種神聖、莊嚴、肅穆、永恒的環境氣氛。

理想環境的堪輿模式

中國古代的堪輿說可分為形勢派和理氣派兩個主要分支。形勢派注意地形地貌的自然形態，著重景觀質量的考察；理氣派則強調環境構成要素之間的生態關係，力行『相地如相人』的觀念。一般來說，堪輿說對墓地環境優劣與否的評價不外乎這樣幾個方面的構成因素，即龍、砂、穴、水、氣、向。龍，指的是山脈起伏綿延的山體輪廓有如龍形，龍形中的主山稱為主龍。砂，主山周圍的小山，要求與主山形成恰當得體的主從關係。穴，墓塚在主山落位的地點。水，墓地附近的河流。氣，滋養萬物的生氣，也可以理解為環境中的一種生命活力。向，山脈的走向和河水的流向。在這樣六個方面的要素中，龍、水、氣三者最為重要，因為他們之間的關係是相輔相成的，『夫山者宣也，其氣剛；川者流也，其氣柔。剛柔相濟，而地道立矣』，『行龍必水輔，氣止必水界』。綜觀龍、水、氣，也就是我們今天所說的山水形態和面貌所構成的自然環境是否充滿蓬勃的生機和活力。

在墓地堪輿說中，對龍、砂、穴、水、氣、向諸要素的考察與評價制定了一些基本原則，并提出下述幾種環境模式。

『來龍有勢，發脈悠遠』。堪輿說將遠來之山稱為勢，近處之山稱為形，形由勢來決定。選擇墓地首先要從宏觀上考察山脈的形勢，然後，憑直覺的觀測將山脈形勢比擬于某種形物，如龍、鳳、獅、馬、象、龜等，即所謂的『喝形』。《葬書・雜篇》說：『勢如

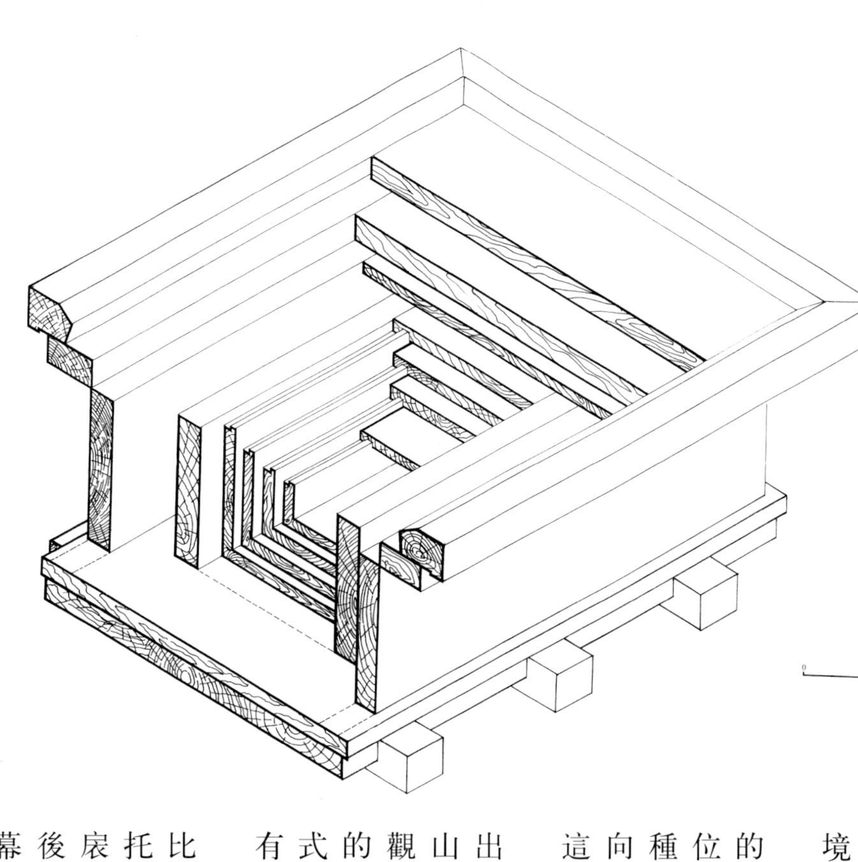

圖一一四　湖南長沙馬王堆漢墓棺椁
（引自《考古》，一九七二年六期）

萬馬自天而下，其葬王者。勢如巨浪重嶺疊嶂，千乘之葬。勢如降龍，水繞去從，爵祿三公。勢如重屋，茂草喬木，開府建國。……』這種山脈形勢與官祿爵位的類比可以看作是用官爵等級給墓地的自然環境劃分了類型。

來龍有勢與發脈悠遠有關。龍的發脈多在群山交匯處。衹有起伏連綿的山脈纔能形成逶迤的龍形，所以，穴的落位往往與脈的發源相距遥遠。發脈愈是遥遠，龍的幹枝關係愈是複雜，勢也就愈奔騰旺盛。于是，古人又把人的倫理輩份套用到龍的幹枝關係上，稱為太祖山、太宗山、少祖山、少宗山、父山、母山……，如果世系完整無缺、序列有致，則被認為是理想的地理環境。

『四局八龍，格局分明』。這是堪輿説依據陰陽五行和八卦方位推度出的一種環境模式。所謂四局八龍，是按照五行説將東、南、西、北四個方位分屬于木龍、火龍、金龍、水龍，稱為四局；再按照陰陽消長法則，四種龍局都有陰陽之分，形成八種龍格。利用天干地支加乾坤排定二十四山向，對位于十二個方位，每個方位有其凶吉名稱，以『長生向』為最吉，這就是四局八龍的基本原理。

相察墓地的環境時，須依照一定的格局來選擇。格局中有一點能反映出普通的地貌法則：即坐山發脈處地勢較高，水流也是由高流向低，而且山水往往相伴而行，這説明格局的推度在一定程度上是符合自然環境的客觀規律的。但是，要在實際的自然環境中尋找到一塊與四局八龍完全一致的『佳地吉壤』幾乎是不可能的，因為這種格局是被抽象化了的一種模式。所以，在堪輿説的實際操作中，也衹是要求大體形勢符合格局，允許有一定的差异。

『屏帳圜列，相宜有致』。堪輿説非常重視山脈形勢與自然形物之間的比擬，這就要求山脈的走向曲折相宜、遠近有致，忌諱平衍端直，無形可托。理想模式為『勢如萬馬自天而下，形如負扆有壠中峙』（《葬書》）。扆，古代的一種屏風，上面绣有斧形纹，常擺放在宮殿中帝王寶座的背後。負扆就是要求墓地環境中，圍繞主山應該有層層圜列的小山，形如帳幕，重重翼護。觀察帳幕的分合向背，主客正從，做到『主龍居中，帳幕數重，方為大貴』（《入地眼全書》）。這種做法尤其在山區環境中甚為講

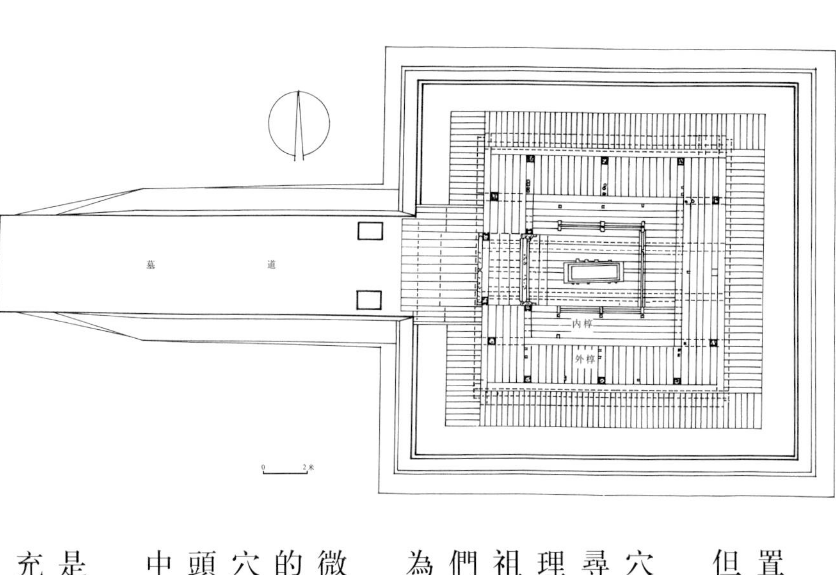

圖二五　湖南長沙象鼻嘴西漢墓的『黃腸題湊』（引自《考古學報》，一九八一年一期）

究。

『結穴分明，生氣旺盛』。葬地環境從宏觀上要求氣勢浩大，在微觀上則講究結穴的位置和形式要得體合宜。結穴的範圍雖然很小，僅是一個『乘生氣、注死骨』的方寸之地，但在墓地環境中，它的位置和形式是整個墓地選址的關鍵所在。

堪輿説認為，墓地環境中的結穴之處對氣的聚結散發、運導流行至關重要，所以，結穴之處應該是一個『取得氣出，收得氣來』的地方。唐宋以來的形勢派以人體為範式作為尋找或選擇穴位的方法，『定穴之法如人之有竅，當細審陰陽，熟辨形勢。』明清以後的理氣派又進一步發展，利用人類生殖繁衍的胎息孕育原理來解釋穴與氣的關係，所謂『得祖宗父母胎息孕育之妙，乃有全氣融佳，而鐘靈毓秀，造化存與，依法葬之。』這就是人們把認識自身的觀念推及到了認識自然地理。正如人體的穴位與經絡相通一樣，堪輿説認為墓地的穴位與生氣也是脈脈相通的。

結穴的位置與形式也依據人體的有關部位來劃分，上聚之穴，如嬰幼之顱，顖門未滿微有凹窩；中聚之穴，如人之臍，兩臂為龍虎；下聚之穴，如人之陰，兩足為龍虎。結穴的形式主要分為以下幾種：窩穴，三面圍攏，中央凹進，形如燕窩，多見于山區；鉗穴，雙臂擁合，兩翼叉開，形似鉗脚，平地高山皆有；乳穴，穴場中央懸垂凸出，形似乳頭，平地高山皆有；突穴，穴場中央平地起突，形如覆釜，以平地為常見。在墓地堪輿説中，結穴猶如畫龍點睛，其位置與形式所引伸出的含義是極為複雜的。

『山環水繞，活力充沛』。墓地堪輿説極其重視自然環境的生機和活力，具體來説，就是非常講究環境中的山水形態和面貌，看其是否能夠形成一個山水協調、生氣旺盛、活力充沛的小環境。

清代堪輿説對墓地環境的自然面貌有這樣一段描述：『真穴所在，其山必嫩，其面必開，其四勢必歸，其風必藏，其水必聚，……山明水秀，日麗風和，天光發新，別一世界，雜沓中清靜，清靜中繁華，晤對之而眼開，坐卧之而必快也，氣之所蓄，精之所聚。』它描繪了山水的自然形態和面貌，並且推衍出環境意象所生成的心靈境界。自然形態和面貌衹不過是人們選擇大自然的標準，而環境意象和心靈境界纔是選擇大自然的目的。

墓地環境中山與水的自然關係是互為依存的，山高則生氣厚積，水深則生氣遠大。山薄則水淺，水竭則山瘠，『水隨山而行，山界水而止。界其分域，止其逾越，聚其氣而施耳。水無山則氣散而不附，山無水則氣散而不理。』山與水是自然地理的基本因素，他們之間的協調與和諧，纔能使得環境中的生氣旺盛，進而孕育出蓬勃的生命活力。這大概也就是我們所説的生態環境中諸種自然因素的依存關係。

帝王陵墓的環境景觀

陵墓，是中國古代帝王死後的安葬之處，諱稱為『梓宮』，『億年安宅』。陵墓的營造是生世中重而又重的大事，往往要花費十幾年甚至幾十年的時間來完成。自春秋戰國以來，帝王陵墓就被認為是最高規格的禮制建築之一。

兩千餘年來，帝王陵墓的營造一直遵循著『以陵象山』或『因山為陵』的傳統觀念，凝聚著『天人合一』的思想，歷朝歷代帝王陵墓的環境無一不是經過周密詳慎的勘察和測度之後選定的。在這個過程中，堪輿説被遵奉為圭臬，起到了最為重要的作用。對自然環境的選擇，『總以地臻全美為重』，窮天工之巧，奪造化之美，通過自然環境與人工構築的巧妙結合，執著于天成與人為的和諧統一，創造出一種神聖永恒、莊嚴肅穆而又充滿生機的紀念氣氛，強調環境景觀的藝術感染力。

歷史傳説中的炎黃先帝，自古以來被視為華夏民族的祖先，後世為了紀念和傳頌他們的豐功偉業，為他們修造了陵墓。『黃帝葬于橋山，在大河之南，脈自積石逾河，衍者豐繞而廣被也』。位于陝西省黃陵縣的黃帝陵，史傳遠自西漢時已有祭祀活動。陵墓所在的橋山地處黃土高原的溝壑區，橋山發脈于子午嶺，自西北逶迤向東南，綿亘不斷，至橋山頂分為兩條坡脊，徐緩斜落入沮河。沮河在此迂迴彎轉，緣山脚流過，形成一個『山擁水繞，負陰抱陽』的環境格局。橋山沮水，夜月秋風；龍灣鳳嶺，曉霧夕烟，是古代文人墨客對這裏環境景觀的生動描述。軒轅廟位于山下，墓塚位于山上，後枕龍馭之首山，前俯襟帶之靜泊，隔水與印臺案山遥相呼應，通軸連貫，一氣呵成。整個橋山古柏密布，蔭濃色黛，老幹凌霄，虬枝盤空，山水環境堪稱奇絶。

秦始皇陵位于陝西省臨潼縣，它的地理格局更是宏偉。《水經注·渭水》載：『秦始皇大興厚葬，營建塚壙于麗戎之山，一名藍田，其陰多金，其陽多玉，始皇貪其美名，因而葬焉』。驪山本作麗山，為秦嶺北坡與渭河平原相交地帶的一個小山脈，山南盛產藍田玉石，山東北的潼關一帶產金沙，自古以來自然物産豐富。秦始皇陵園坐落于渭河南岸的平原地帶，其北有渭河為界，其南有秦嶺作屏，山水走勢由西向東形成并行的格局。陵園布局以『尊長在西、卑幼在東』為制度，高大的墓塚安置在陵園西南，沿東門闕開闢端直大道，大道北側為規模宏偉的兵馬俑陪葬坑，排列成龐大整齊的軍陣，面朝東方，表達了秦王朝雄踞西方、震懾東方的威勢。《史記》載：秦始皇三十五年（公元前二一二年）『立石東海上朐界中，以為秦東門。』它就是在今連雲港市西南錦屏山側的『秦東門闕』。這種攬五岳，吞九江的大手筆，不能不說明秦始皇陵園位置的設計隱含著某種象徵的意義。

西漢時期的十一座帝陵均在國都長安附近。這裏『睎秦嶺，睋北阜，挾灃灞，據龍首』（《西都賦》），地理形勢十分優越。除了文帝霸陵位于灞河西岸，宣帝杜陵位于滻河西岸，其餘九座陵園均位于渭河北岸的咸陽塬上，沿渭河走勢由西向東綿延三〇餘公里，形成規模龐大的陵區。這一帶地勢高敞，土質豐厚，山水環境極佳。依西漢陵制，皇帝與皇后合陵不合墓，且以右為尊，陵園形成帝、后陵塚在右，戚親臣僚陪葬墓在左的格局，而且墓塚封土的形式皆從制度，高低尊卑，井然有序。站在咸陽塬上放眼遠望，北山巍巍，渭水粼粼，視野開闊。諸帝陵園歷經千年風雨，如今留存下來的一座座陵塚封丘，平地隆起，高低簇擁，構成一幅幅獨具特色的歷史畫面。

唐朝帝王的陵墓環境除了繼承漢陵的地理特徵外，又受到魏晉時期『因山為體』、『葬于山林』的觀念影響，十八座帝陵分布在渭河以北的北山一帶，綿亘一五〇公里。自唐太宗昭陵始，確立『因山為陵』的制度，大部份陵墓選擇在山體勻稱端正的主峰，穿鑿墓室，因山為藏，面南而立；貴戚勛臣的陪葬墓安置在陵墓的南面，面北朝向帝陵。唐朝諸陵中氣勢最為雄偉的當屬昭陵，它位于陝西省禮泉縣北。陵園修建在九嵕山下，用地周匝六〇公里。墓室鑿建在主峰之頂，海拔一一八八米，孤峰懸絶，凌霄獨立。主峰側後分別有覆甑山、武將山翼護，主峰正南有山梁，端直若神道，山梁盡端，陡峭懸落，其前方有方山，中央缺然，直對主峰，左右兩個低矮的山丘，形似門闕。陵園外南有泔河，東有涇河，屈曲環繞，長流不息。整體格局負陰抱陽，恰似天設地就。陵園內分布的二百餘座陪葬墓，主要集中在主峰南面的山脚下，呈恭謹仰承之勢，與孤高崇峻的主峰形成天然的君臣秩序。昭陵的環境充分體現出封建社會中那種皇權至上、惟我獨尊的帝王氣度。

唐陵中另一個典型為位于陝西省乾縣的唐高宗與武則天合葬的乾陵。乾陵以梁山主峰為陵，海拔一〇四七米，其左右兩側的山勢低平舒緩，襯托出主峰的巍峨雄奇，主峰南面有兩座乳峰，體形低矮，東西夾峙，構成門闕。獻殿之南朱雀門外的神道直貫而下，長達四公里。自神道起點眺望乾陵，藍天白雲之下，獨見主峰兀立，趨步拾級登上南梁，整個乾陵豁然入目，神道兩側整齊排列著石人、石獸和蕃王臣像，神色端凝，儼如朝奉時的儀仗。

宋代陵墓的選地深受堪輿說的影響，特别是『五音姓利』的說法對宋陵的山水環境選擇的影響甚為重要。所謂『五音姓利』，就是將各種姓氏按發音部位歸屬于宮、商、角、徵、羽五音，然後再按五音劃定出吉位的方向。宋代皇帝為趙姓，屬角音，吉位為丙、壬方向，即南偏東、北偏西的方向，要求在這兩個方向山高水來。河南省鞏縣的北宋八陵（包括宋太祖之父的永安陵）坐落于洛河南岸平原地帶，陵區以北的洛河以及分支河流均位于陵區的西北方向；再往北可以遠眺黃河。陵區以南為嵩山，少室主峰南偏東，崇峻挺拔，象朝遥揖，一改唐代陵墓占據主峰的做法；其前更有白雲、錦屏、金牛、青龍諸山，起伏綿延宛若屏障。史書對陵區環境的評價是：嵩少與洛黄互為形勢，山嶂水重，地平如掌，柏林如織，形勝地理堪為絶佳。

宋代的陵制在當時對少數民族政權的帝王陵墓也產生過重大影響，例如西北地區的西夏王陵，史書上曾有明確記載：『賀蘭山之東，數塚巍然，即偽夏嘉、裕諸陵是也。其制度做鞏縣宋陵而作……。』西夏的九座王陵位于寧夏回族自治區銀川市西郊，陵區採取北宋帝陵的集中式布局，西面背靠賀蘭山脈，層巒疊嶂，綿亘不斷。九座陵園沿山前洪積扇地帶分布，地勢西高東低，平坦寬廣，視野開闊，可通覽廣袤的銀川平原，向東遥望有黄河之水緩緩橫流。在歷史上，唐朝中期西夏先祖党項人開始遷居中原，西夏立國後，國家的位號、法令、制度乃至車服皆做效中原王朝，因此，在陵墓上所體現出的環境特徵明顯地與唐宋帝王陵墓相似。除此之外，陵園的布局也深受堪輿說中『五音姓利』的影響。據研究表明，党項人為拓拔姓氏，唐末曾賜李姓，至宋又受賜趙姓，屬角音，因此，各個陵園採用的是昭穆次序來取穴定位的。

西夏陵園的建築也做北宋形制，起城垣，闢闕門，立石象生，建造獻殿……惟一殊异的是在墓室之後的地面上修建有高大的夯土陵塔，而不是壅壘封土成墓塚。陵塔依制度分五、七、九層，形如塔樓。如今，陵塔上的木構廊檐均已毁没，各種建築也都頹塌，祇留下一座座斷垣殘臺，孤立于荒漠大野上，在秋風冷月中形影相依，構成了一幅獨特的蒼涼景觀。

四、歷代帝王陵墓

（一）秦始皇陵

秦朝（公元前二二一年至前二〇六年）是中國歷史上第一個中央集權制的封建王朝，秦始皇陵也是中國歷史上規模最大的帝王陵墓。

秦始皇帝嬴政（公元前二五九年至前二一〇年）的陵墓在陝西省臨潼縣，南依驪山，北臨渭水。《史記・秦始皇紀》載：『始皇初即位，穿治驪山。及併天下，天下徒送詣七十餘萬人，穿三泉，下錮而致椁。宮觀百官，奇器珍怪，徙藏滿之。令匠作機弩矢，有所穿近者輒射之。以水銀為百川，江河大海，機相灌輸，上具天文，下具地理。』驪山陵園工程自公元前二四七年至前二一〇年，前後持續三十七年，其規模之浩大，營建之奢華，在中國帝王陵墓中是彰著無比的。

陵區的總體布局依照『尊西卑東』的禮制，陵寢部份位于陵區的西側，形成以高大墓塚為主的陵園，陪葬墓及兵馬俑坑布置在東側，構成廣闊的陪葬區。

陵園按『內城外郭』的制度修築內外兩重城垣，均係黃土夯築而成，基底寬約八米，內城東西長五八〇米，南北寬一三三五米；外城東西長九四〇米，南北寬二一六五米，內外城垣四向皆闢城門，陵園總占地面積二百餘公頃。

高大的墓塚位于內城垣的南部，以象徵『宮居周垣』的禮制思想。墓塚封土係人工夯築，四角錐臺形呈覆斗狀，『樹草木以象山』。史載『墳高五十餘丈，周迴五里餘』，現存南北寬三五〇米，東西長三四五米，高七六米。

戰國秦漢之時實行陵側起寢、陵旁立廟的制度。近年來，考古發掘相繼在墓塚北側和內城東北角發現殘瓦、生活灰燼和室內地面以及臺階遺迹，出土刻有『樂府』的錯金銀銅鐘、兩詔銅權、銅雁足燈殘件和刻有『驪山飲官』的陶壺蓋，這些遺迹遺物表明了當時的

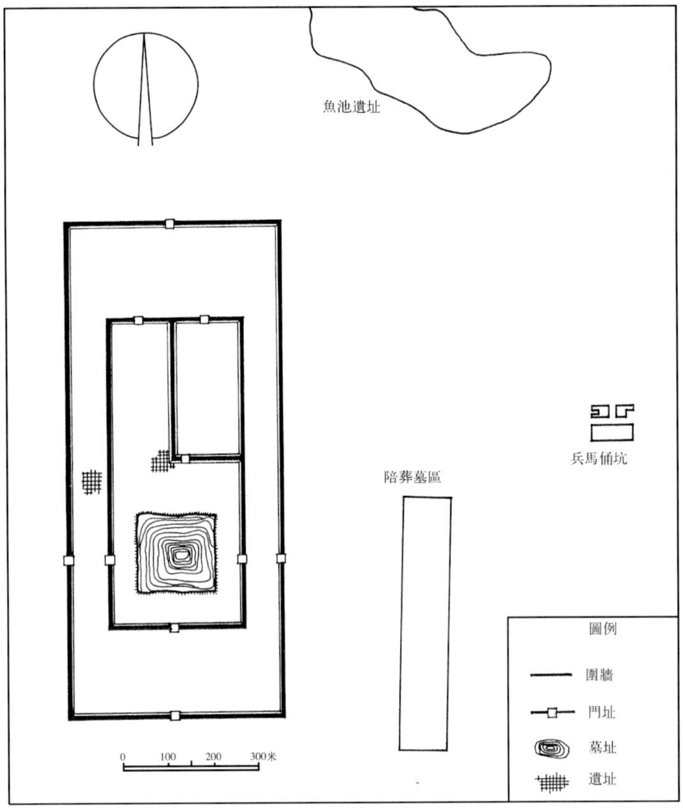

圖二六　陝西臨潼秦始皇陵平面（引自《陝西古建築》，陝西人民出版社，一九九〇年）

寢廟和署宅的所在。

陵區東側的陪葬區十分龐大，陪葬品异常豐富，先後發現有兵馬俑坑三處，總面積達二萬餘平方米，有大型武士俑七千餘件，陶馬戰車數百餘乘，軍陣排列整齊，威武雄壯，被譽為『二十世紀考古史上最偉大的發現。』陪葬墓區共發現馬厩坑九三座，象徵宮廷的厩苑；陪葬墓十七座，墓穴皆東西朝向，墓主可能是被誅殺的王室臣僚。銅車馬坑出土兩乘銅車馬，按二分之一的比例製作，形象栩栩如生，工藝精湛細膩。

另外，在外城垣的西南角發現秦陵的刑徒墓地， 有小型墓坑近百座，多數墓坑內有屍骸二至四具，大多為屈肢葬，葬式簡單，是集中埋葬工役的地方。

秦始皇陵的墓室（玄宮）尚未發掘，雖然文獻有過記載描述，但其詳細真實情況尚需考古發現來證實（圖二六）。

（二）西漢帝陵

西漢（公元前二〇六年至公元二五年）定國都于長安（今陝西西安），西漢的十一位皇帝的陵墓皆修在渭河兩岸，其中九座在渭河北岸的咸陽塬上，另外兩座分別位于滻河西岸和灞河西岸。

《漢舊儀》載西漢諸帝陵制：『天子即位明年，將作大匠營陵地，用地七頃，方中用地一頃，深十三丈，堂壇高三丈，墳高十二丈。……已營陵，餘地為西園，后陵餘地為婕好以下，次賜親屬功臣。』

西漢帝陵從形制上分為兩類：一類承襲秦制，闢廣闊陵園，起高大墓塚，廟寢署宅，森然羅列，這是西漢諸陵的主要形制，以漢武帝劉徹的茂陵為代表。另一類因山為藏，雖設置陵園，修築廟寢，但不起墓塚封土，以漢文帝劉恒的霸陵為典型，屬西漢帝陵中的獨特做法。

西漢帝陵的總體布局沿用秦代制度，尊西卑東，帝陵后陵多位于陵區西部，陪葬墓多布置在東部。帝與后實行分葬制，各自修築陵牆，四面開闢闕門。帝陵后陵等級有別，形制不一，通常帝陵在前偏西南，后陵側後靠東北，帝陵的陵園規模和墓塚封土的體量都明顯大于后陵，足見封建時期等級制度的繁縟和森嚴。西漢興起陪葬制度，王室親族或重臣顯爵多陪葬于帝陵之側，以實行君臣之禮，陪葬墓的規模與形式則按照爵祿等級或功勛大

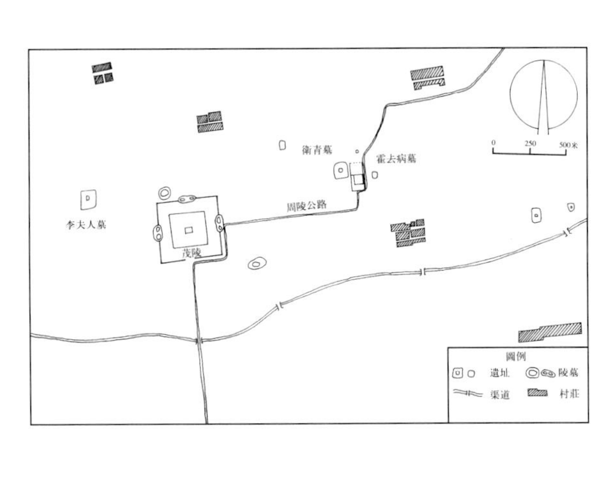

圖二七　陝西興平西漢茂陵平面（引自《考古》，一九六四年二期）

小而次第有別。

西漢實行墓側出寢之禮，廟寢分離設置。廟事藏主，建在陵園以外，每年祭祀二五次。寢象帝王居所，建在陵園之內，寢殿內設置帝王生前的衣冠几杖，各種象生器具，侍官宮奴每日定時奉食，事死如事生。

從漢高祖劉邦的長陵開始設置陵邑，漢平陵的陵邑人口多達三萬户，二十餘萬人，陵邑內生活情景相當熱鬧。陵邑制度推行了約二百年，到西漢永光四年（公元前四〇年）廢止。

根據文獻記載：西漢諸帝的玄宮形制為方城，設四通羨門，容大車六馬，外步車石，然後髹漆繪綺，埋入車馬虎豹禽獸、金寶米穀、錯渾雜物，內置梓棺黃腸題湊。甬道及門户均設伏弩矢、硝火、莫邪劍之類殺器。

漢武帝茂陵

漢武帝劉徹（公元前一五六年至前八七年）的茂陵位于陝西省興平縣的渭河北岸，始建于建元二年（公元前一三九年），歷時五三年而成，是西漢諸帝中規模最大的一座陵墓。

陵園周圍修築碎土城垣，平面呈方形，東西長四三〇米，南北寬四一四米，陵垣四周居中各闢城門一座，門寬十二米至十六米。城門外置雙闕，現東、西、北門闕尚存遺址，殘高三米。

墓塚位于陵園中央，封土為方錐臺形覆斗狀，人工碎土築成，底部東西長二三一米，南北寬二三四米，高四六．五米。孝武皇后（李夫人）墓塚在帝塚西北五〇〇米處，無城垣，世稱英陵。墓塚封土為長方形，中腰收分為階臺狀，規模為帝塚之半，等級差別，昭然明確。

茂陵的寢殿位于陵園東南，今發現大面積建築遺址以及磚瓦琉璃等建築構件。歲次祭祀的原廟號龍淵宮，建造在茂陵邑之東，成國故渠之北坂。

陵邑設在陵園東南，『建元二年初置茂陵邑……周迴三里』（《三輔黃圖》），遷徙郡國豪紳吏民一萬六千户守陵居住。今陵東南豆馬村附近發現建築基址、鋪石路面以及陶水管等。

陪葬墓區位于陵區東面一公里處，為王室重臣的墓園，今尚存二十座墓塚。霍去病（公元前一四〇年至前一一七年）墓，墓塚隆凸起伏，象徵祁連山，以彰表其六戰匈奴之功，塚旁豎立石象生，有『馬踏匈奴』、『怪獸啖羊』等。衛青（公元前？年至前一〇六年）墓，壅壘墓塚象徵廬山，揚顯其平定外擾之威。除此之外，還有金日磾、霍光等人的墓塚，墓塚封土有長方形覆斗、方形覆斗及圓形，親疏有別，形式各异（圖二七）。

漢文帝霸陵

漢文帝劉恒（公元前二〇二年至前一五七年）的霸陵位于陝西省西安市東郊渭水南岸、灞河以西的白鹿塬上。霸陵一反秦漢帝陵制度，因山為藏，不起墓塚，廣種柏樹，獨闢制式。

據《漢書·文帝紀》載：漢文帝對厚葬之風深惡痛絕，他生前曾很有勇氣地下詔：『當今之世，咸嘉生而惡死，厚葬以破業，重服以傷生，吾甚不取……為天下先治霸陵，皆瓦器，不得以金銀銅錫為飾。因其山，不起墳。』

由此看來，漢文帝無疑是中國歷史上第一位敢于革除陳俗、力行薄葬的皇帝。

霸陵因山鑿掘墓室，地面不起封土墓塚，史傳『陵上為池，池四出道以瀉水（《長安志·卷一一》）』，因此陵園位置至今未得確認。但歷史上霸陵曾三次被盜掘，由此看來陵園應有相當規模。竇皇后陵園在灞橋東北，墓塚為覆斗形，係人工碎築，底邊東西長一三七米，南北寬一四三米 ，現存高十九米。陵園內曾發現大量建築遺存，出土有筒板瓦、雲紋瓦和彩繪陶俑。

霸陵的原廟號顧成廟，在長安城南。陵邑位于今西安東郊曹家堡一帶，近年來出土大量的漢代建築磚瓦。

霸陵是中國歷史上第一個依山鑿穴為玄宮的帝陵，它對六朝及唐代因山為陵的形制有著重要的影響。

附：西漢帝陵簡表

陵號	帝名	墓塚形式與規模（米）	所在地
長陵	高祖劉邦	覆斗，一六五×一四五　高三二	咸陽三義村
安陵	惠帝劉盈	覆斗，一六三×一四〇　高二八	咸陽韓家灣
霸陵	文帝劉恒	依山鑿墓不起塚	西安東郊
陽陵	景帝劉啓	覆斗，一六〇×一六〇　高三一·八	咸陽張家灣
茂陵	武帝劉徹	覆斗，二三一×二三四　高四六·五	興平南位鄉

平陵	昭帝劉弗陵	覆斗，一五八×一五六	高二〇	咸陽大王村
杜陵	宣帝劉詢	覆斗，一七〇×一六八	高二九	西安曲江鄉
渭陵	元帝劉奭	覆斗，一〇八×一七一	高二七．五	咸陽周陵鄉
延陵	成帝劉驁	覆斗，一七二×一七三	高二九．九	咸陽周陵鄉
義陵	哀帝劉欣	覆斗，一七一×一七五	高三〇．四	咸陽周陵鄉
康陵	平帝劉衎	覆斗，二一六×二〇九	高三〇．六	咸陽周陵鄉

（三）東漢帝陵

東漢（公元二五年至二二〇年）建都洛陽（今河南洛陽），除末代獻帝的禪陵在河南焦作，其餘十一座帝陵均分布在洛陽至鞏縣的邙山一帶。

秦漢以來相襲不殆的帝陵制度到了東漢時期出現了較大的改革。二世明帝劉莊（公元二七年至七五年）倡行『遵儉自抑』，取消陵園周圍城垣，改用圓木柵欄類的『行馬』。推行上陵大禮，改過去的廟祭為陵祭，上陵禮儀繁冗複雜、規格隆重，因此陵園的規格擴大，陵園内祭祀建築的數量和内容都大大地增加了，行禮的鐘簴、侍奉的寢祠和管理的官寺吏舍都建造于陵側，專事朝奉和祭祀。上陵禮提高了陵祭的地位，將以往廟祭的許多活動轉移到了陵墓前，這種做法遂成定制為後世所沿用，唐宋承襲傳至明清發展成獻殿或祾恩殿的形制，蓋肇源于此。

陵園的布局仍遵循『尊西卑東』的觀念，墓塚在西、寢祠在東。墓塚封土係人工碎築成覆斗形，方三百步左右，高度多為六丈至八丈，惟桓帝劉志（公元一三二年至一六七年）的宣陵墓塚高為十二丈。

光武帝原陵

光武帝劉秀（公元前六年至公元五七年）的原陵在河南洛陽，位于邙山之陰。《漢書．光武帝紀》載：『中元元年十一月……初起明堂夷臺辟雍及北郊兆域。』陵園依山傍水，面積廣闊，平面呈長方形。史載陵園四周築城垣、出司馬門，寢殿和鐘簴建造在城垣内，今均已毀圮無存。現存的陵園由墓園、祠廟和方丈院三部份組成，墓塚位于祠廟以西，封土係人工碎築而成，原為覆斗形，現頹塌為圓丘，周長四八七米，高度十六米，周圍樹木翳然，濃蔭蔽地。祠廟始建年代不詳，藏有北宋開寶六年（公元九七三年）

修廟碑，大殿四周有巨柏二八株，蒼鬱挺拔，俗傳象徵當年輔佐劉秀開闢天下的雲臺二八名大將。方丈院為後世所加。

附：東漢帝陵簡表

陵號	帝名	墓塚規模	所在地
原陵	光武帝劉秀	方二三〇步，高六．六丈	河南洛陽
顯節陵	明帝劉莊	方三〇〇步，高八．〇丈	河南洛陽
敬陵	章帝劉炟	方三〇〇步，高六．二丈	河南洛陽
慎陵	和帝劉肇	方三八〇步，高一〇丈	河南洛陽
康陵	殤帝劉隆	方二八〇步，高五．五丈	河南洛陽
恭陵	安帝劉祜	方二六〇步，高十一丈	河南洛陽
憲陵	順帝劉保	方三〇〇步，高八．四丈	河南洛陽
懷陵	衝帝劉炳	方一八三步，高四．八丈	河南洛陽
靜陵	質帝劉纘	方三六〇步，高五．五丈	河南洛陽
宣陵	桓帝劉志	方三〇〇步，高十二丈	河南洛陽
文陵	炎帝劉宏	方三〇〇步，高十二丈	河南洛陽
禪陵	獻帝劉協	方二〇〇步，高二丈	河南焦作

（四）魏、晉、南北朝帝陵

魏晉南北朝（公元二二〇年至五八九年）的三百餘年間，軍閥割據，戰爭頻繁，社會動亂，民生凋蔽，這一切致使盜墓攫寶活動猖獗，許多巨塚大墓一夜之間便被風捲一空。這時期的帝王陵墓不得不改變大肆奢華鋪張的厚葬之風，而推行儉薄葬禮，使得秦漢以來踵事增華的陵寢制度迅速地衰退下去。

首開新制的當屬曹氏父子（魏武帝曹操，公元一五五年至二二〇年；魏文帝曹丕，公元一八七年至二二六年），他們耳聞目睹盜掘暴行，由衷感慨道：『喪亂以來，漢氏諸陵無不發掘，乃至燒取金匣玉縷，骸骨并盡，是焚如之刑，豈不重痛哉！』建安二三年（公元二一八年），曹操在為自己選定墓地時下詔曰：『古之葬者必居瘠薄之地。其規西門豹西原上為壽陵，因高為基，不封不樹』（《魏書．武帝紀》）。曹丕也效法其父，力主薄葬，臨終遺詔：『壽陵因山為體，無為封樹，無立寢殿、造園邑、通神道。……故吾營此丘墟不食之地，欲使易代之後不知其處』（《魏書·文帝紀》）。曹操陵墓在今河南安陽與河北臨漳相交的漳水一帶。曹丕陵墓在河南偃師首陽山，具體位置皆不得知。

晉代帝陵基本沿襲曹魏的制度，倡行儉薄，戒絶崇飾，因山為藏，不起高隆墓塚。在南京富貴山南麓已發掘的晉恭帝司馬德文（公元三八四年至四二〇年）的陵墓建造在兩山梁間的凹地中，埋葬之後覆土填充與兩山梁齊平，渾然一體，相當隱密。晉明帝武平陵、晉成帝興平陵、晉哀帝安平陵皆隱葬南京雞籠山之陽，不起丘塚。

南朝陵園多選擇依山傍水處，隨山川形勢度定方向。墓室藉山凹修建，壘土做丘塚的風氣復起，陵墓入口前端開闢神道，曲直緩急，隨勢取宜。兩側矗立石獸辟邪或麒麟，以及柱表碑碣，作為陵墓入口的特定標識。南京西善橋發掘的陳宣帝陳頊（公元五三〇年至五八二年）的顯寧陵，墓塚呈不規則圓形，周長一四一米，封土高約一〇米。墓室修築在山凹內，墓上填土起塚。根據《建康實錄》載，宋武帝劉裕的初寧陵、宋文帝劉義隆的長寧陵、陳武帝陳霸先的萬寧陵以及陳文帝陳蒨的永寧陵，都有一丈四尺到二丈高的墓塚。

北方十六國時期，入主中原的氐、羯、羌、匈奴、鮮卑等少數部族為了防止陵墓被盜掘，也多採用『潛埋』的方式，不起墳塚，假設棺柩，甚至數處虛葬，故繆其地。例如後趙明帝石勒（公元二七四年至三三三年）死後『夜瘞山谷，莫知其所，備文物虛葬，號高平陵』（《晉書·石勒載記》）。南燕獻武帝慕容德（公元三三六年至四〇五年）行葬時『乃夜為十餘棺分出四門，潛葬山谷，竟不知其尸所在』（《晉書·慕容德紀》）。正因為這種葬俗的流行，這時期的帝陵至今難以發現。

北魏時期鮮卑族統治者的葬制獨特，修造石祠為宗廟，稱帝王陵園為金陵，甚至保持著族葬習俗。自孝文帝元宏（公元四六七至四九九年）以後，逐步推行漢族文化，吸收漢族陵寢制度，恢復上陵禮儀，陵前建石殿石闕，設神道通靈泉宮池，引納佛儒儀禮，修造佛殿祠堂等，表現出一種鮮卑文化與漢族文化融合的風格。今山西大同市的文明皇后馮氏永固陵，有高大墓塚，基底方形，東西一二四米，南北一一七米；上部抹角成圓形，高二二·八七米。陵前有永固祠堂和思遠靈圖（佛殿），陵後有萬年堂，整個布局高敞通闊，儼然如儀。

北魏自從孝文帝遷都洛陽以後，選定洛陽以北的邙山瀍水之陽作為帝陵的『山園』，悉心營建長陵，並且規定內遷的鮮卑族酋領死後必須歸葬此地。從此以長陵為中心，分成數個區域，逐漸成為北魏所屬鮮卑人以及降服臣屬的集體安葬之所。史載北魏的孝文、宣

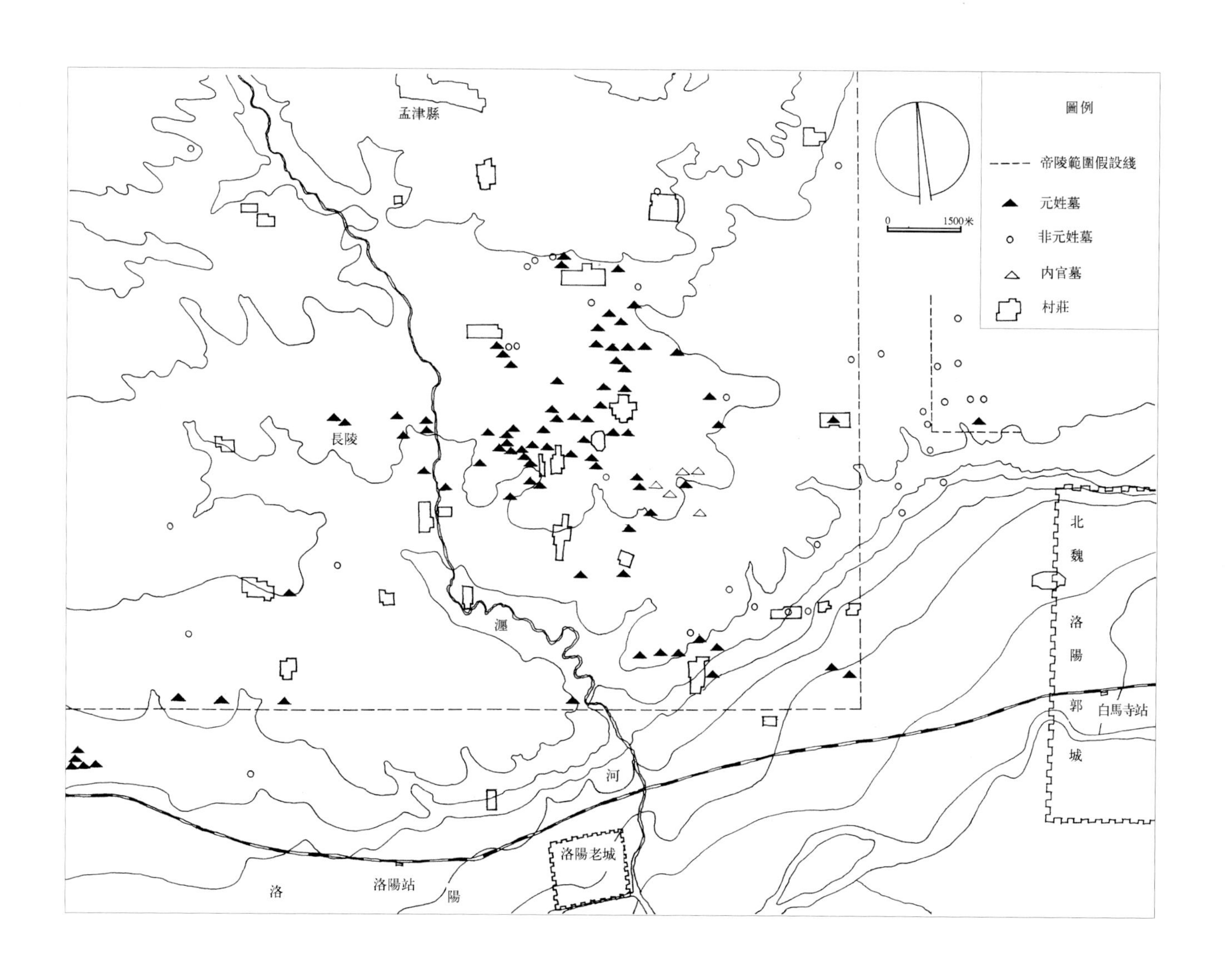

圖二八　河南洛陽北魏陵區分布圖（引自《文物》，一九七八年七期）

武、孝明、孝莊、節閔、孝武六帝均葬于此（圖二八）。宣武帝元恪的景陵封土呈圓形，黃土夯築，直徑一〇八米，符合『復廣六十步』的陵制規定。特別引人注意的是在墓道口西南曾發掘出一尊二·九米高的石翁仲，證明了北魏皇陵前已有了神道石刻，彌補了史籍記載的缺漏。

（五）隋、唐帝陵

隋朝（公元五八一年至六一七年）定國都為大興（今陝西西安），傳世不及四十載，國祚短薄。除隋文帝楊堅（公元五四一年至六〇四年）身後享受帝王禮遇外，煬帝楊廣、恭帝楊侑皆歿于亂世，草率行葬。

隋帝陵制基本依照北朝習俗。隋文帝楊堅自榜『務存儉約』，生前没有大肆營造陵墓。文帝泰陵在陝西省扶風縣，陵園平面近似方形，周以城垣，東西七五六米，南北六五二米。城垣四向闢門洞，起門樓，四隅建有闕樓，今北段尚留部份殘垣。隋制帝后合葬，『同墳而异穴』（《隋書·高祖下》）。墓冢位于陵園中部偏南，平面為長方形覆斗狀，封土係人工夯築，現存高度二七·四米。陵園東南另闢廟園，建宗祠，歲奉祭祀，今發現有建築遺物。

唐朝（公元六一八年至九〇七年）是中國封建社會的極盛時期，疆域統一，國力強大，經濟發達。在陵寢制度上，繼承了秦漢的儀禮又有所發展，崇尚威嚴與奢華，『務極優厚，竭幣府藏庫以奉用度』（《舊唐書·令狐峘傳》）。

陵園的選址與落位，由于受堪輿風水和南北朝營造慣例的影響，多數在丘陵地區緣山傍崖營建壽陵。陵園四周建城垣，闢門闕，起角樓，開神道，兩側立石翁仲及蕃臣像，廣種松柏。陵墓的玄宮（墓室）在山腰處穿鑿修造，不起丘冢。實行帝與后合葬，因辭世有先後，是故先亡者入葬後封閉玄宮，保留寢殿與棧道，每日侍奉，一如生人。待後亡者一并入葬方封閉玄宮，拆除棧道，覆土如初。

唐朝的廟寢格局有了較大的改革，主要將專事侍奉之禮的寢宮分為三處：玄宮門上建神游殿，專供墓主魂靈出入游娛，此乃戰國時期『墓上建寢』的遺風；在陵園城垣的朱雀門內建造獻殿，作為朝拜獻祭的場所，承傳東漢制式，開啓明清時期祾恩殿之先河；寢宮，亦稱下宮，其作用沿襲古制不變，象居所，事死如事生。宮僕陵吏役卒的署舍，集中建立在陵園之外。少數陵墓（如獻陵、莊陵、端陵）因在平地上做夯土丘冢，則取消玄宮門上的神游殿，將全部祭祀禮儀置于獻殿和寢宮內舉行，突出了上陵祭祀典禮的隆重和神聖。

皇親重臣的陪葬墓多布置在陵墓門户前，呈承仰拱衛之勢，帝王陵墓則居高臨下，至尊無加。尤其以太宗昭陵為最甚。逮及後世，皇威不振，陪葬墓逐漸減少，唐敬宗李湛以後，基本没有陪葬墓了。

唐太宗昭陵

唐太宗李世民（公元五九七年至六四九年）的昭陵位于陝西省禮泉縣東北的九嵕山主峰下，地處涇河之陰、渭水之陽，是唐十八陵中最有代表性的一座帝陵。

昭陵修建工程至為浩繁，『鑿山南面，深七十五丈為元宮。緣山傍崖，架梁為棧道，懸絶百仞，繞山二百三十步始達元宮門。頂上亦起游殿』（《唐會要·卷二〇》）。從貞觀十年（公元六三六年）動工到貞觀二十三年封固，歷時十三年。

陵園規模宏闊，占地兩萬公頃。因藉九嵕主峰為山陵，高聳雄踞，氣勢磅礴。山陵四周修築雙重城垣，象徵城郭之制，闢青龍、白虎、朱雀、玄武四向門闕，内城四隅雉堞圜列，角樓嵯峨。園内廣植蒼松、翠柏、長楊，時稱『柏城』。朱雀門内為獻殿，崇樓敞廡，專事謁陵朝拜或祭獻典禮。該遺址處曾出土一件大型屋脊構件——鴟尾，高一·五米，重一五〇公斤，足見當年建築之高大。侍奉帝王靈魂起居的寢宮原建造在陵園城内西南角，盛時房屋達三七八間，後罹火患遂遷移到山下的瑤臺附近，因與獻殿上下相對，俗稱下宮。

自昭陵開始實行陵前列置蕃臣石像，藉以炫耀皇威的統攝力量，計有突厥可汗、吐蕃贊普、龜兹王、吐谷渾郡主等十四座，現存留三座。陵園内石像儀陳以及碑碣柱表數目增多，等級意義增強，這些雕刻經千餘年的磨難現僅存二十餘通。除此之外，『昭陵六駿』石雕，更是彌足珍貴的藝術品。

山陵南部地勢坦闊，分布著近二百座皇室親族或重臣勛將的陪葬墓，知名者有太子李承乾、魏徵、房玄齡、孔穎達、閻立德等，以及少數民族將領阿史那社爾、史太奈、執失思力等。以皇陵居中尊位形成龐大密集的陪葬墓群，是昭陵主要的特徵之一（圖二九）。

唐高宗乾陵

乾陵是唐高宗李治（公元六二八年至六八三年）與皇后武則天（公元六二四年至七〇

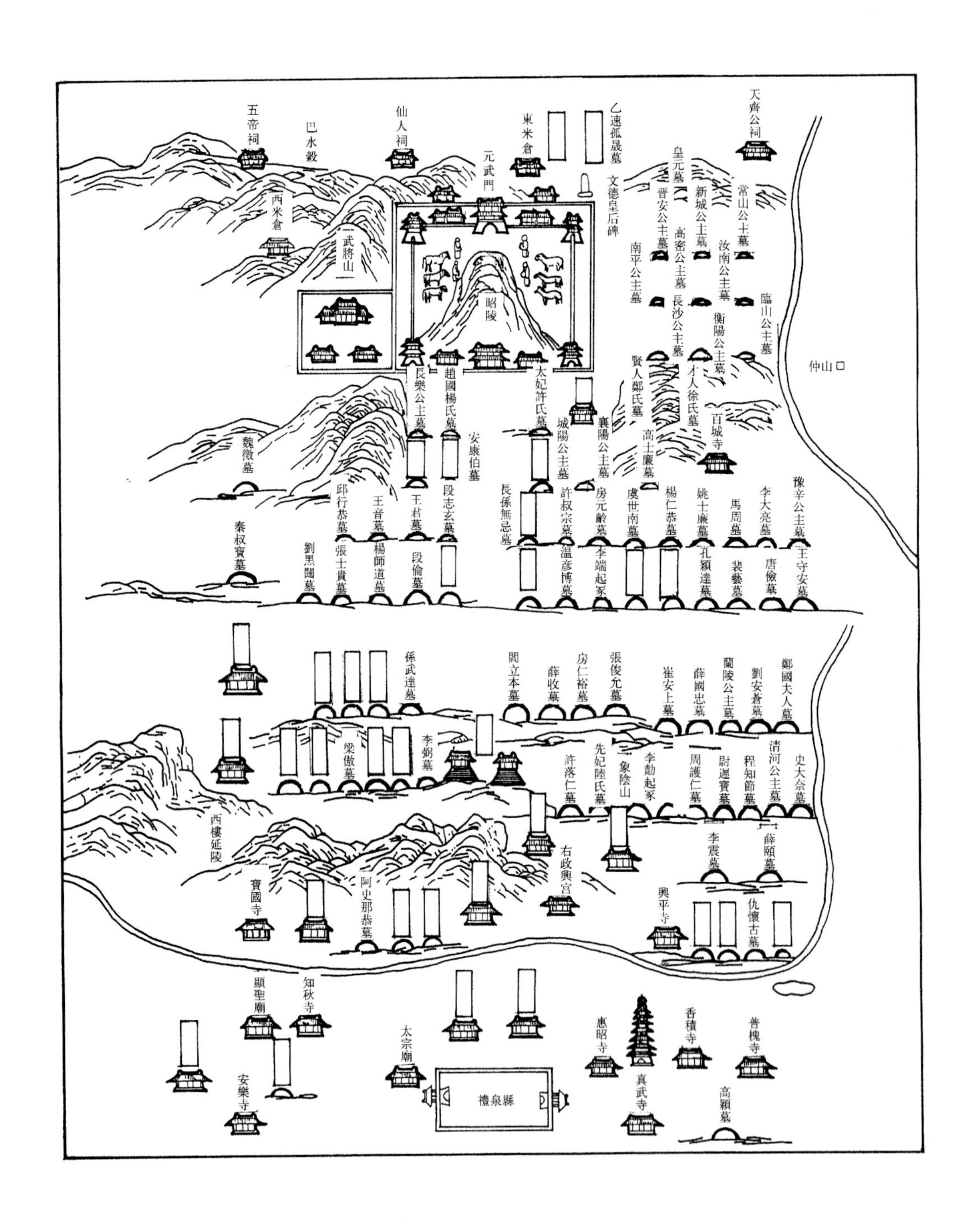

圖二九　陝西禮泉唐昭陵圖（摹自《長安圖志》，影印本）

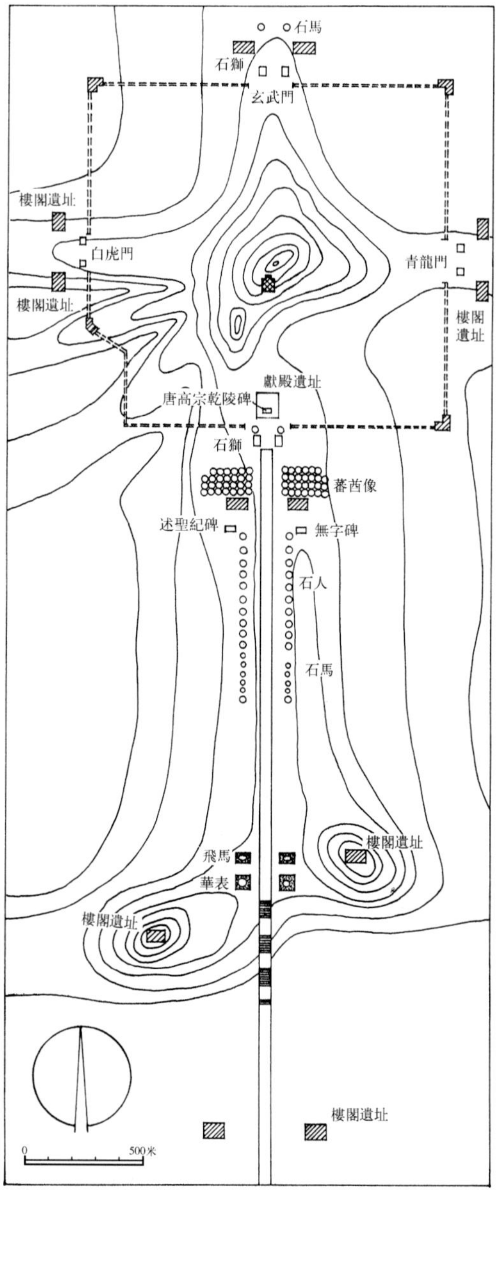

五年）的合葬墓，位于陝西省乾縣。武則天是中國歷史上第一位改朝稱帝的女皇，生前功過今後世褒貶紛揚。

陵園東鄰豹谷，西接漠谷，山陵背倚梁山主峰，高聳孤傲。主峰前有二峰，左右對峙，高度稍遜，恰似天然門闕，山陵巧取山川形勢，顯赫曠世威儀。

史書記載：陵園曾修築雙重城垣，闢四門，起門闕，建角樓，有獻殿及官署廨舍，形制嚴謹。今考古勘查知陵園內垣每邊長一五〇〇米，面積近二四〇公頃。現仍存角樓、門闕、獻殿等建築遺址。

乾陵神道自朱雀門外直瀉而下，長達四公里，坦闊舒展，氣勢恢宏。神道起點側立石獅及六十一蕃臣石像，兩側石像儀陳，以華表、飛馬、朱雀、驥馬以及文臣武將等，依序肅立，神態凝重。神道兩側立兩通巨碑，高六．三米，東為『述聖迹碑』，贊頌高宗的文治武功；西為『無字碑』，通體未刻一字，留下千古之謎（圖三〇）。

乾陵南坡分布有十七座陪葬墓，目前已重點發掘了永泰公主、章懷太子和懿德太子墓，為進一步揭示唐代陵墓提供了寶貴的研究資料。

圖三〇　陝西乾縣唐乾陵平面（引自《文物》一九六〇年四期）

附：唐代帝陵簡表

陵號	帝名	陵園範圍（公里）	陵墓形式	現有陪葬墓數	所在地
獻陵	高祖李淵	一〇	封土為塚	六七	三原徐木鄉
昭陵	太宗李世民	六〇	因山為陵	一八〇	禮泉九嵕山
乾陵	高宗李治	四〇	因山為陵	一七	乾縣梁山
定陵	中宗李顯	二〇	因山為陵	一五	富平宮里鄉
橋陵	睿宗李旦	二〇	因山為陵	八	蒲城金熾山
泰陵	玄宗李隆基	三八	因山為陵	二	蒲城金粟山
建陵	肅宗李亨	二〇	因山為陵	二	禮泉武將山
元陵	代宗李豫	二〇	因山為陵	無	富平檀山
崇陵	德宗李適	二〇	因山為陵	四三	涇陽嵯峨山
豐陵	順宗李誦	二〇	因山為陵	一	富平金甕山
景陵	憲宗李純	二〇	因山為陵	一	蒲城豐山
光陵	穆宗李恒	二〇	因山為陵	五三	蒲城翔村鄉
莊陵	敬宗李湛	二〇	封土為塚	無	三原陵前鄉
章陵	文宗李昂	二〇	因山為陵	無	富平天乳山
端陵	武宗李炎	二〇	因山為陵	一	三原徐木鄉
貞陵	宣宗李忱	六〇	因山為陵	無	涇陽仲山
簡陵	懿宗李漼	二〇	因山為陵	無	富平紫金山
靖陵	僖宗李儇	二〇	封土為塚	無	乾縣乾陵鄉

（六）五代、兩宋帝陵

五代十國時期（公元九〇七年至九六〇年）的半個世紀裏，地方勢力擁兵割據，政權更迭頻繁，這期間的帝王大多短命，善終者寡。梁末帝兵敗自殺，從唐愍帝掘土草葬，後唐末帝登樓自焚而死……帝王陵墓已失去以往那種宏偉壯闊的氣勢。

南唐王朝稱帝建康（今江蘇南京），以大唐後裔自居，墓葬沿襲唐代舊制。南唐烈祖李昪（公元八八八年至九四三年）的欽陵和中祖李璟（公元九一六年至九六一年）的順陵位于南京祖堂山，因山為陵，鑿崖為玄宮。神道隨山就勢盤桓，曲中有直。玄宮分前、中、後三室，左右對稱有側室，墓室地面鑿刻江河之形，室頂繪天文星象，附會秦始皇陵『上具天文、下具地理』的手法。

前蜀國主王建（公元八四七年至九一八年）的永陵位于四川成都，其做法是在平地上砌築墓室，然後在墓室上壅壘封土，形成穹窿狀丘塚。為防止封土頹塌，墓塚基礎砌築四層條石。陵墓入口前立有石象生。

北宋（公元九六〇年至一一二七年）定都東京（今河南開封），九個臨朝皇帝除徽宗趙佶、欽宗趙桓被金兵所擄因死漠北外，其餘七座帝陵加上永安陵（宋太祖趙匡胤之父的陵墓）均在河南省鞏縣，稱為七帝八陵。

北宋帝陵對傳承千年之久的陵寢制度進行了較大的變革。首先，尊奉『七月之期』制度，帝王生前不建壽陵，而死後七月内必須下葬，到太廟薦饗，這樣神主纔可以附入。由此而來，營造壽陵的工期短促，陵園的規模還不及唐代。其次，陵園的選址講求陰陽堪輿，相信『五音姓利』之説，這是將姓氏按宮、商、角、徵、羽的音韵分類，再與陰陽五行相雜糅的一種相地方法。趙發齒音屬角姓，壬丙方向為吉位，必須『東南地穹、西北地垂』。因此陵園地形東南高西北低，一反帝王陵墓坐北朝南由低而高的傳統手法。

陵園營造制度嚴格，八座陵園的規模和形式基本相同。帝與后各自起陵園，帝陵居前，后陵位後，后陵規模為帝陵之半。陵墓壅壘封土，墓塚為方形階臺覆斗狀，一般帝陵為三層階臺墓塚，后陵為二層階臺，高度也是帝崇后低，尊卑分明，制度昭然。

陵園皆建方形城垣，闢神門。陵園入口起鵲臺、乳臺，神道直抵南神門，兩側肅立象馬羊虎以及文臣武將等石象生，工藝精美，形象生動。

宋陵建立上下宮制度，上宮建在南神門之内，墓塚之前，專事祭祀儀禮；下宮建在帝陵與后陵之西北角，用作朝暮供食，四時薦饗。

宋陵也實行陪葬制度，史載永安陵曾有一二一座陪葬墓，其他帝陵衹有十幾座，規模遠遜于唐代。

宋真宗永定陵

宋真宗趙恒（公元九六八年至一〇二二年）的永定陵位于河南鞏縣芝田鎮。

《宋史·禮制》載宋陵制度：『皇堂下深五十七尺，高三十九尺。陵臺三層正方，下層每面長九十尺，……神牆高九尺五寸，環四百六十步，各置神門角闕』。

永定陵陵園坐北朝南，規制方正。神道入口處兩側建鵲臺，至神道中段處再建乳臺，

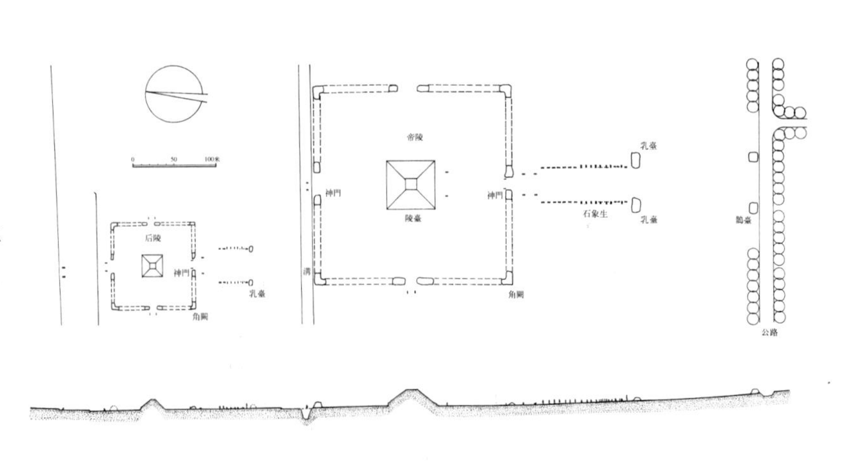

圖三一　河南鞏縣北宋永定陵平面（引自《考古》，一九六四年十一期）

乳臺高度低于鵲臺五分之一，為夯土包磚構造。乳臺之後沿神道兩側依次排列各種石象生十八對。陵園城垣係黄土夯築，每邊長二三〇米，面積達五．五萬平方米，城垣四向開神門，門外兩側端坐石獅一對。墓塚位于陵園中央，三層階臺式覆斗狀，底邊長寬各五八米，高一七．二米。

后陵位于帝陵西北約一五〇米處，陵園城垣為方形，每邊長為一〇二米，面積為帝陵的四分之一，神道長度及石象生的數目衹及帝陵的半數。墓塚為二層階臺覆斗狀，底邊長三〇米，寬二一．三米，高一一．一米。后陵之後六〇米處有石獅一對，似為下宫的位置。

現陵園内尚存城垣角闕，四向神門、鵲臺乳臺、墓塚封土以及各種石象生等遺迹。周圍有寇準、包拯、蔡齊等人的陪葬墓（圖三一）。

南宋（公元一一二七年至一二七九年）朝廷偏安江南，遷都臨安（今浙江杭州），傳世一五二年，經歷九朝帝王，其中六座帝陵位于浙江紹興的會稽山麓。

南宋帝王為想收復中原，歸葬祖塋，故在紹興修建臨時性的陵墓，陵寢制度也是比較特殊的。首先，帝王陵園制度卑薄、規模較小，取消石象生。其次，將上宫和下宫建造在同一條軸綫上，這種形制影響到明清帝陵祾恩殿與明樓寶頂的建築布局。最後，墓室之上不是壅壘封土起墓塚，而是修建龜頭屋，厝寄棺椁，用石條封閉，稱為『攢宫』。龜頭屋建造在上宫的獻殿之後，相對簡化了上宫的祭祀禮儀，而下宫仍保持進食薦饗的制度不變。

南宋帝陵歷經多次盗掘和嚴重破壞，遺存殆盡，確切位置難以辨識，今存範圍為明初所劃定。

（七）遼、西夏、金、元帝陵

遼王朝（公元九〇七年至一一二五年）的帝陵按時代分布在三個地區。遼祖陵在今内蒙古巴林左旗，太宗耶律德光和穆宗耶律璟的懷陵以及聖宗、興宗、道宗的慶陵在今内蒙古巴林右旗，世宗顯陵和景宗的乾陵在今遼寧北鎮縣。早期帝陵規模大，單獨起陵園，如遼太祖祖陵；後期集中設置陵區，實行族葬制，如懷陵和慶陵。帝與后既有合葬，也有附葬，如遼宣懿皇后與道宗合葬，而遼德仁皇后則附葬慶陵。

陵園的選址注重山川形勢，多利用山谷中的坡狀盆地，以自然山丘為入口門闕，封閉其他出口通道，形成幽絕隱密的陵園環境。墓室選高敞山麓修建，因山為陵，不起丘塚。陵前開設神道，兩側樹立石人、石羊、狻猊、麒麟等石象生，有尊卑制度的區別。陵園內建造有聖踪殿、膳堂等建築，以供時祭。遼代帝陵中的許多建築手法顯然深受唐代陵墓的影響。

西夏王朝（公元一〇三八年至一二二七年）的王陵位于興慶府（今寧夏銀川西）的賀蘭山東麓，陵區占地五三平方公里，分布著九座王陵和二百餘座王室貴戚陪葬墓。王陵陵園位置按昭穆次序由南向北排列，位于近山麓地勢高敞處，陪葬墓則分布在山前坡地，尊卑有別。

每座王陵陵園的規模和形制大致相同。陵園坐北朝南，有單重城垣和雙重城垣兩種平面形式，城垣既有全封閉式的，也有南面開敞半封閉式的。陵園有陵塔，均布置在陵園宮城內的西北角，偏離宮城中軸綫，似與西夏葬俗有關。

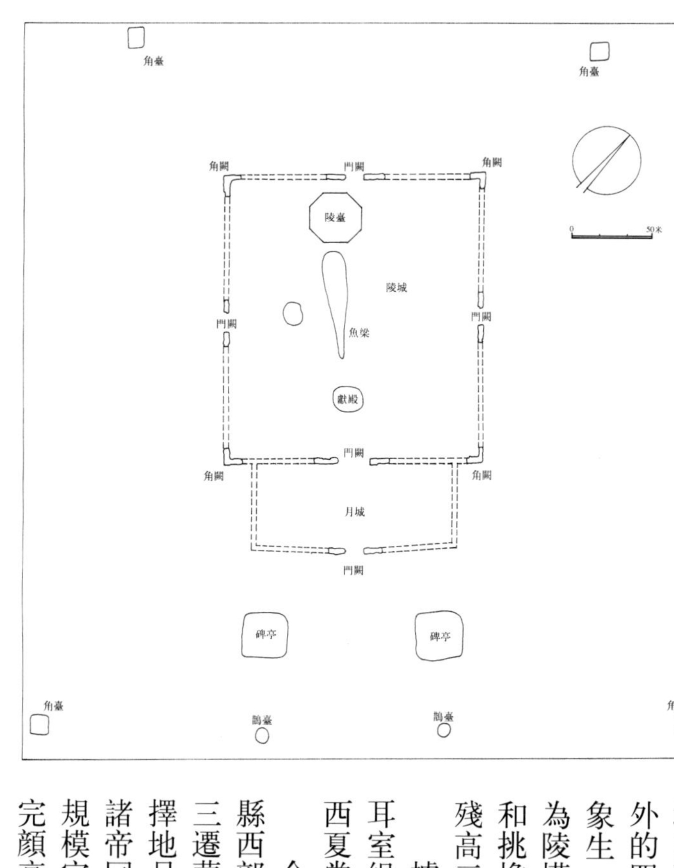

圖三二　寧夏銀川西夏泰陵（三號陵）平面（引自《西夏陵》，東方出版社，一九九五年）

以三號陵（景宗李元昊泰陵？）為例，為方形宮城單重城垣，南北寬一八〇米，南神門外再築月城，東西長一三〇米，南北寬五〇米。皆為黃土夯築。城垣四面開門闕，四隅建闕樓，現仍留有四至五米高的殘迹。陵園宮城外的四隅建角臺，為陵園最外圍的界定標志。月城神道兩側排列有石象生，今已無存。宮城內偏西處建獻殿，為朝拜祭祀之所。獻殿之後為陵塔，原為八角形五層的夯土實心塔，塔身周圍修建有木結構圍廊和挑檐，威嚴雄偉。現木構廊檐已頹塌無存，僅餘圓錐狀夯土塔臺，殘高二十餘米（圖三二）。

據考古發掘，西夏王陵的墓室形制由甬道、中室、後室以及左右耳室組成，但規模較小，而且不做磚室，僅在四壁壘砌木板護牆，為西夏党項人的獨特葬式。

金王朝（公元一一一五年至一二三四年）的帝陵位于北京市房山縣西部山區。帝陵營造之初制度尚不成熟，史載金太祖完顏阿骨打曾三遷葬地、兩改陵號，最後定名睿陵。太宗完顏晟始葬于太祖陵，後擇地另葬，定名恭陵。至熙宗完顏亶時選定大房山為帝王兆域，實行諸帝同葬，金代帝陵制度纔逐步確立，以後各代帝王均葬于此，形成規模完整的陵區。對于被貶謫褫奪的帝王，還要逐出兆域，如海陵王完顏亮死後被貶為庶人，其陵墓被遷移出兆域二〇公里以外，這種做法多少受到漢族葬俗的影響。

金代帝陵在明代被搗毀，破壞嚴重，清初曾稍加恢復，已非原來的規模。

元朝（公元一二七九年至一三六八年）的帝王陵墓沿襲蒙古族特有的秘葬方式，潛埋不起墓塚，葬地用萬馬奔踏踐踩成平野，來年草木復生成密林，後人遂不知其處。

《多桑蒙古史》記載了元太祖成吉思汗（公元一一六二年至一二二七年）的秘葬習俗，『諸將奉柩歸蒙古，不欲汗之死訊為人所知。護柩之士卒在此長途中遇人皆殺之。……葬于斡難、怯綠連、禿判三水發源之不兒合勒敦諸山之一山中。葬後周圍樹木叢生，成為密林，不能復辨墓在樹之下。』

元世祖忽必烈（公元一二一五年至一二九四年）定都大都（今北京）以後，也一直遵循蒙古族的喪葬祖俗。據明代文獻記載：元代帝王不建陵墓，不施棺槨，祇用梡木兩片鑿空其中，類人形大小合為棺，置遺體其中。然後，外加髹漆，金圈箍定，深掘葬坑，覆土埋平。為了方便後世祭祀，陵園採取了特殊的標識方式，以萬馬往復奔踏葬地，使其平坦如野。然後，『殺駱駝子其上，以千騎守之，來歲草既生，則移帳散去，彌望平衍，人莫知也。欲祭時，則以所殺駱駝之母為導，視其躑躅悲鳴之處，則知葬所矣。』正是這種秘葬習俗，使得元代帝陵極難發現。

成吉思汗的後代將他生前使用過的八座白色氈帳（稱『八白室』）作為成吉思汗的象徵性陵寢，定期祭祀，並隨游牧群落流動，無固定處。今天坐落在內蒙古伊金霍洛旗的成吉思汗陵祇是一座後世修建的紀念性建築物，也是『八白室』長期流動的終結。

圖版

一　橋山遠眺

二　黄帝手植柏

三　掛甲柏

四　軒轅廟大殿

五　祭陵參道

六　黄帝陵冢

七　“橋山龍馭”碑

八　拜謁的人群

丁丑年清明公祭軒轅黃帝陵典禮

九　軒轅廟庭院

一〇 軒轅廟碑廊

一一　少昊陵甬道

一二　少昊陵石牌坊

一三　少昊陵塚

一四　宣和大石碑

大禹陵

一五　大禹陵石碑

一六　禹穴亭

一七　禹祠庭院

一九　禹廟大殿

一八　禹井亭

二〇　“岣嶁山銘”亭

二一　婦好墓上復原建築

二二　龍形玉雕

二三　人形玉雕

二四　孔林神道古柏

二五　“萬古長春”石牌坊

二六　石牌坊的細部雕刻

二七　“至聖林”牌坊

二八　孔氏後裔孔令貽墓

二九　洙水橋石牌坊

三〇　孔子墓甬道

三一　孔子墓前石象生

三二　孔子墓塚

三三　一號大墓東側墓道

三四　秦公陵和秦永陵

三五　秦公陵前的謬碑

三六　秦始皇陵塚(春景)

三七　秦始皇陵塚(冬景)

三八　出土的銅車馬

兵馬俑坑

三九　一號兵馬俑坑全景

四〇　將軍俑

四一　立射俑

四二　跪射俑

四三　牽馬俑

四四　胡亥墓冢

四五　長陵全景

四六　陽陵陵塚及南闕門

四七　羅經石

四八　彩繪陶俑

四九　茂陵陵碑

五〇　清代樹立的謬碑

五一　從芝水橋遠眺司馬遷祠

五二　司馬遷祠全景

五三　司馬遷墓塚

五四　司馬古道

五五　陡峭小徑

五六　祠門外的石階

五七　祠院内的碑廊

五八　霍去病墓冢全景

五九　墓冢正面

六〇　墓塚前的庭園

六一　“馬踏匈奴”雕像

六二　躍馬雕像

六三　卧牛雕像

六四　張騫墓塚

六五　石虎雕像

六六　蘇武墓塚

六七　昭君墓冢

六八　醫聖祠

六九　献殿

七〇　墓碑

七一　墓塚

蔡倫墓

七二　蔡倫墓

孝堂山石祠

七三　孝堂山石祠

七五　崖墓檐口雕刻

七四　崖墓外觀

七六　崖墓的前室

七七　寬敞的享堂

七八　荆軻刺秦王雕刻

七九　前室

八〇　中室

八一　墓闕正面

八二　墓阙背面

八三　墓闕銘文

八四　墓闕的轉角斗栱

八五　墓闕旁邊的石虎

八六　一號墓前室刻畫

八七　二號墓後室刻畫

八八　二號墓中室壁畫

八九　二號墓中室壁畫

九〇　前室

九一　後室

九二　墓園入口

九三　墓園庭院

九四　墓亭

九五　雙桂護擁的墓塚

九六　關林的甬道

九七　大殿

九八　“漢壽亭侯墓”石牌坊

中央宛在

九九　葬首級的墓塚

一〇〇　欄杆上的石獅

一〇一　墓塚前的鐵獅

一〇二　景陵墓塚全景

一〇三　景陵地宫甬道及封門牆

一○四　萧景墓墓表

一〇五　墓表的基座

一〇六　墓表的華蓋

一〇七　威武的辟邪

一〇九　蕭績墓全景

一〇八　毁壞的辟邪

一一〇　西側墓表

一一一　墓表的基座

一一二　墓表的方版

一一三　東側墓表

一一四　碩壯的辟邪

一一五　好太王碑

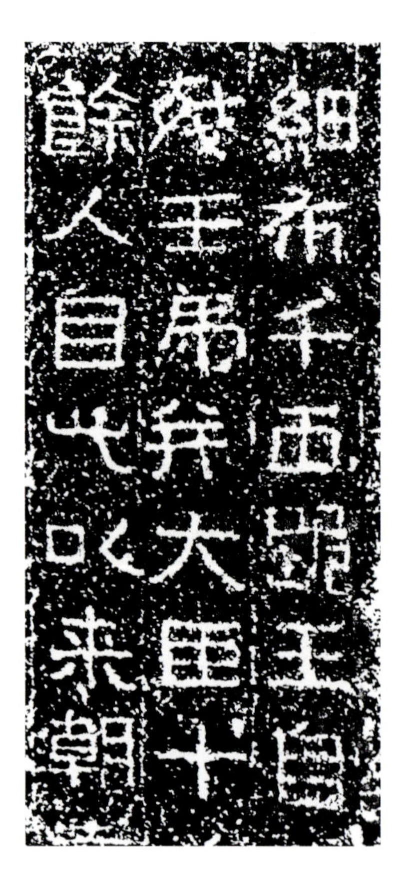

一一六　碑身銘文

一一七　將軍墳正面

一一八　將軍墳側面

一一九　倚靠的巨石

一二〇　陪葬墓

一二一　泰陵陵碑

一二二　九嵕山主峰上的昭陵

一二三　由南面遠眺昭陵（後頁）

一二四　暮霭中的昭陵

一二五　陪葬墓之一的李勣墓

一二六　三峰相連墓塚

一二七　由南面遠眺乾陵

一二八　乾陵陵塚

一二九　陵塚前的門闕

一三〇　華表

一三一　朱雀

一三二　飛馬

一三三　侍臣

一三四　無字碑

一三五　述聖記碑

一三六　番酋石像

一三七　威武的石獅

一三八　肅穆的侍臣

一三九　唐定陵

一四〇　侍臣

一四一　侍臣

一四二　石獅

一四三　唐橋陵

一四四　華表

一四五　朱雀

一四六　辟邪

一四七　侍臣

一四八　侍臣

一五〇　華表

一五一　朱雀

一四九　唐泰陵

一五二　辟邪

一五三　石馬

一五四　石獅

一五五　唐順陵

一五六　門闕和陵塚

一五七　辟邪

一五八　神道西侧石象生

一五九　神道東側石象生

一六〇　南門東側石獅

一六二　北門東側石獅

一六一　南門西側石獅

一六三　北門西側石獅

一六四　永泰公主墓塚

一六五　前室

一六六　後室

一六八　懿德太子墓壁畫

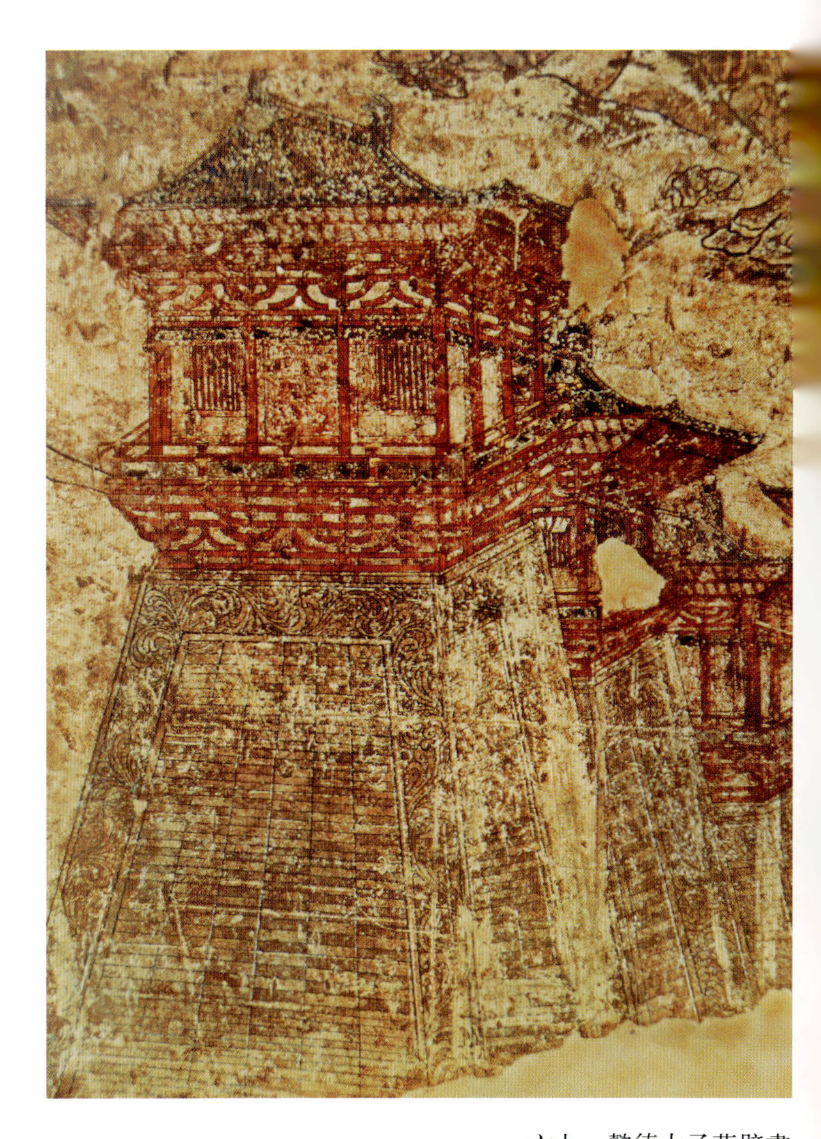

一六七　懿德太子墓壁畫

一六九　懿德太子墓壁畫

一七〇　順陵入口

一七一　欽陵入口

一七二　墓室的拱券門

一七三　墓室的武士雕像

一七四　王建墓室入口

一七五　王建墓室内景

一七六　王建墓塚

一七七　王建墓前的石象生

一七八　永昌陵陵塚

一七九　甪端

一八〇　石馬

一八一　侍臣

一八二　石獅

一八三　永定陵全景

一八四　陵塚和東門闕

一八五　神道旁的石象生群

一八六　朱雀

一八七　儀馬與馬官

一八八　蕃使

一八九　石羊

一九〇　石獅

一九一　永昭陵陵塚

一九二　朱雀

一九三　武士

一九四　石象

一九五　白居易墓塚

一九六　墓側石碑

一九七　墓塚背面

一九八　墓園内小徑

心昭天日

二〇〇　岳飛墓闕門

一九九　岳飛廟大殿

二〇一　岳飛、岳雲墓塚

二〇二　石象生

二〇三　石象生

二〇四　楊璨墓前室

二〇五　楊璨墓後室

二〇六　楊璨妻墓後室

二〇七　西夏王陵三號陵

二〇八　闕門和陵臺

二〇九　陵臺

二一〇　人像礎臺

二一一　琉璃鴟尾

二一二　董海墓前室

二一三　董海墓後室

靈山聖墓

二一五　靈山聖墓

二一四　董明墓前室

天方矩矱

二一七　布哈丁墓亭

禿黑魯貼木兒瑪扎

二一八　禿黑魯貼木兒瑪扎

二一六　布哈丁墓園大門

二一九　阿勒泰喀依納爾石人組

二二〇　阿爾泰布克爾橋石人

圖版説明

黃帝陵　陝西省黃陵縣

相傳黃帝姓公孫，名軒轅，號有熊氏，有土德之瑞。因土為黃色，故稱黃帝。黃帝以他卓越的才能，領導著民衆興農桑，造車船，製兵器，定疆域，把社會帶入文明時代，因而被尊奉為中華民族的始祖，世世代代受到人們的尊崇和懷念。

黃帝陵在陝西省黃陵縣城北的橋山上。史載，自西漢時代起，這裏就開始了祭祀黃帝的活動，至今，保留有各個歷史時期的大量的文化遺產。

橋山古柏成林，鬱鬱葱葱。山下沮河三面環流，四周山塬簇擁環抱，風水環境極佳。陵塚位于山梁之上，有磚砌花牆圍護。陵園內松柏環抱，莊嚴肅穆。陵塚前有祭亭一座，面闊三間，進深一間。亭前有夯土高臺，相傳漢武帝征朔方凱旋經過此地，專為祭祖祈仙而築。橋山脚下有軒轅黃帝廟，廟內古柏參天，蒼勁挺拔，最大一棵柏樹七人合抱不攏，傳為黃帝親手栽植。

自漢代以來，每值清明和重陽，黃帝陵都要舉行規格隆重的祭祀活動。一九九二年以來，國家對黃帝陵園進行了較大規模的整修，使陵園環境更顯雄偉、莊嚴、肅穆。

一　橋山遠眺

橋山，位于黃陵縣東。因沮河在山前曲折環繞，站在山頂，河水東西相顧，好似穿山而過，故名橋山。《史記·五帝本紀》載：『黃帝崩，葬橋山』。相傳橋山黃陵始創于漢代，以後歷代祭祀，規模益盛，橋山便逐漸成為中華民族祭祀先祖黃帝的聖地。每年清明，春發桃紅柳綠時，山上古柏蒼翠，山下河水清澈，社會各界與公衆都要在此舉行規模盛大的公祭黃帝的活動。

二　黃帝手植柏

軒轅黃帝廟內有一棵巨大的柏樹，老幹蒼重，新枝挺拔，高達二十米，胸徑粗大，七人合抱不攏。據傳説此柏為黃帝親手栽植，所以稱作『黃帝手植柏』。

三　掛甲柏

掛甲柏在軒轅黃帝廟的大殿前，樹幹粗碩直挺，樹冠鋪展闊大，樹身有一道釘縫，傳説漢武帝征朔方路經黃陵祭祖時，將自己的甲胄掛在此樹上，所以稱名『掛甲柏』。

四　軒轅廟大殿

大殿位于軒轅黃帝廟內，面闊五間，進深三間，迴廊周匝，單檐歇山頂。明間梁額上面高懸『人文初祖』大匾，大殿的神臺上供奉巨幅黃帝石刻像，尊立『軒轅黃帝之位』神牌。殿內香火終年不斷，氣氛莊嚴肅穆。

五　祭陵參道

參道為通向黃帝陵園的步行道，隨山形地勢升降起伏，盤桓于古柏濃蔭中，拜謁者信步拾級其間，備覺爽快。

六　黃帝陵塚

黃帝陵塚位于橋山之巔，為國務院公布的重點文物保護單位的第一號墓葬。陵塚坐北面南，壘土築成，圓形，周長四十八米，高三·六米。陵塚前有一祭亭，亭內立石碑一通，上鐫郭沫若題『黃帝陵』三個大字。陵塚四周古柏參天，根深葉茂。

七　『橋山龍馭』碑

碑豎立于陵塚正前方，為明代嘉靖十五年（公元一五三六年）鐫刻，筆力遒勁，書法工整。俗傳黄帝在此乘龍升天，故名『橋山龍馭』。

八　拜謁的人群

黄帝陵塚的祭亭前，來自海内外的拜謁人群絡繹不斷，經年不絶。案臺前香烟裊裊，燈火常明。每逢清明大祭時，獻犧牲，誦頌辭，擊雷鼓，唱贊歌。華夏精神，煌煌燁燁，天地永久。

九　軒轅廟庭院

軒轅廟内，松柏蒼翠，花枝俏麗；廊廡曲折，殿宇儼然，景色典雅。

一〇　軒轅廟碑廊

軒轅廟碑廊收藏有歷代碑刻四十七通，年代較早的為北宋嘉祐六年（公元一〇六一年）的官頒護林通令碑，其餘為元、明、清時期的御製祝文碑和重修廟記碑，反映了黃帝軒轅廟的歷史滄桑。同時，它也是研究書法演變的寶貴資料。

少昊陵　山東省曲阜市

少昊，也作少皞，名摯，字青陽，也稱金天氏，相傳是黃帝之子，為東夷族的首領，食邑窮桑，定都曲阜。

少昊陵在山東省曲阜市東的舊縣村，始建年代不詳。陵塚為覆斗形，形體規則端正。陵塚頂部建有磚石砌築的小殿一座，面闊進深均為一間，單檐歇山頂，殿中供奉漢白玉少昊石雕坐像一尊，為北宋宣和年間（公元一一一九年至一一二五年）遺物。

一一　少昊陵甬道

甬道筆直端正，寬約十二米，泥土路面，自南向北直抵陵門，道路兩側，古柏成行，色黛蔭濃。

一二　少昊陵石牌坊

石牌坊為三間四柱櫺星門式石牌坊，上額朱書『少昊陵』三個大字，牌坊造型簡潔古樸。

一三 少昊陵塚

少昊陵塚為覆斗形，底邊周長一一二米，高約十二米，表面鋪砌花崗石板，形體規則端正，手法洗煉清新。陵園內古柏參天，氣氛嚴肅靜穆。

一四 宣和大石碑

宣和大石碑坐落在方形的碑臺上，四周有石雕護欄，大碑高達十六米，重逾二萬公斤。碑座為贔屓負重，碑額為雙龍護擁，碑文記載黃帝的功德。

大禹陵　浙江省紹興市

大禹，也稱戎禹，為夏後氏部族首領。相傳為了治理洪澇水患，疏河淤，開水道，屢過家門而不入，足迹遍布九州，南巡時崩于會稽而葬，是深受後人敬仰的治水英雄。

大禹陵在浙江省紹興市東南的會稽山麓，四周古槐蒼鬱，松竹交翠，幽雅清靜。對于大禹的墓穴，自漢以來歷有考證，尚難定論。大禹陵西北有禹廟，始建于南朝梁大同十一年（公元五四五年），歷史上屢廢屢建，規模益廣。廟內建築沿山形地勢布局，逐級升高，雄偉壯觀。現存殿宇多為清代所建，知名者有禹穴亭，禹廟大殿，窆石亭，『岣嶁山銘』亭。

一五 大禹陵石碑

大禹陵入口前方建有一座方形四柱碑亭，單檐歇山頂，亭內立大石碑一通，無座無額，渾樸精獷，造型古拙，碑身鐫書『大禹陵』，筆氣豪邁，功力非凡。

一六　禹穴亭

禹穴亭位于禹祠西牆外側，為平面長方形的石構小亭。亭子做雕額鏤枋，刻花屋脊，形式活潑，手法灑脱。亭內矗立『禹穴』石碑一通，為古人探尋禹穴的附會作品。

一七　禹祠庭院

禹祠位于禹廟之東側，庭院布局簡潔，主殿背依青山，前俯碧池，周圍廊廡環繞。建築造型取自民宅形象，粉牆黛瓦，梁架輕盈。整個庭院尺度宜人，氣氛清雅。

一八　禹井亭

禹井亭位于禹祠一隅，徑口盈尺，井水鑒人，傳為大禹汲水處。井亭造型拙樸，透溢吳越古風。

一九　禹廟大殿

禹廟始建于南梁，現大殿為清代建築，面闊五間，重檐歇山頂，建在高階地勢之上，峻拔雄偉。大殿前的『百步禁階』，令人有仰之彌高，景之有加的感覺。

二〇　『岣嶁山銘』亭

亭平面方形，單檐歇山頂，亭内藏『岣嶁山銘』碑。岣嶁山銘計七十七字，字形怪异，似篆似符，難以辨識。傳説為夏禹治水時所刻，多係後人附會。本碑係明代根據岳麓書院拓本摹刻。

婦好墓　河南省安陽市

婦好墓位于河南省安陽市西北小屯村的商殷遺址。其特點是墓壙上不壅壘封土，與地面齊平，證實了『古者墓而不墳』的歷史記載。在墓壙上發現有房屋基址以及柱洞的遺迹。房基南北殘長五·五米，東西寬約五米，大小與墓壙口約略一致。由此推測，該房屋是在墓壙填土復平後直接建造在上面的，其目的主要是用于祭祀活動。

二一　婦好墓上復原建築

該建築係依據考古資料做出的推測性復原，性質為祭亭。面闊三間，進深二間，迴廊周匝，三階夯土臺階，四阿重檐，草葺屋頂，梁架結構形式古樸，著力反映殷商時期『茅茨土階』的建築形象。

二二　龍形玉雕

兩龍相向而立，四目對視，雕刻手法簡潔，造型生動，對稱式的構圖反映出殷商時期的審美特點。

二三、人形玉雕

這是一尊女性形象，發髻高聳，面含微笑，誇張的性徵表現，反映出遠古時期生殖崇拜的習俗影響。

孔林　山東省曲阜市

孔林，亦稱宣聖林、至聖林，位于山東省曲阜市城北，是以孔子為中心的孔氏家族墓地，埋葬著孔子及其後代子孫，已延續了二千四百多年，現有墓塚十萬餘座。林內古木葱鬱，柏、楷、槐、欒約萬株。

據史載，魯哀公十六年（公元前四七九年）孔子逝世後，其弟子們葬孔子于此，當時占地不過百畝。隨著後裔附葬者不斷增加，墓地規模日益擴大，明代增至一千八百多畝，清代又增至二千九百餘畝，現占地面積為一八三·三三公頃。

孔林神道兩側古柏參天，有萬古長春石坊，雙碑亭，至聖林坊。林內有大林門、二林門、觀樓、殿宇等建築，多為明清時期建造。孔林是中國規模最大的家族墓園。

二四　孔林神道古柏

孔林神道自曲阜老城北門出，端直通向

孔林。神道兩側古柏歷經滄桑，古色濃重，老幹新枝，生機勃勃。

二五 『萬古長春』石牌坊

牌坊位于孔林神道中央，為五間六柱歇山單檐式牌坊，建于明代萬曆二十二年（公元一五九四年）。坊身布滿雕刻，精美絶倫。其兩側建有明代萬曆年間的雙碑亭，内藏御製祭祝文，供人瞻仰。

二六 石牌坊的細部雕刻

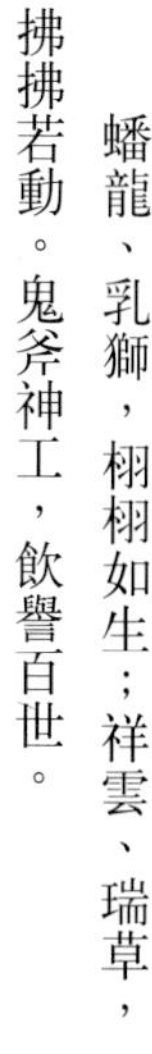

蟠龍、乳獅，栩栩如生；祥雲、瑞草，拂拂若動。鬼斧神工，飲譽百世。

二七 『至聖林』牌坊

為進入孔林的正門牌坊，木結構三間四柱廡殿單檐頂，綠色琉璃瓦，檐下出十一踩斗栱。牌坊建于明代中期，清康熙年間重修。坊前有一對明代崇禎七年（公元一六三四年）鑄造的獅子，形態威武。

二八　孔氏後裔孔令貽墓

孔林為孔氏家族墓園。孔令貽為孔子第七十六代孫。墓塚封土東西十三米，南北九米，高二・八米，為中型墓塚。墓塚前設置墓碑、供案、香爐、石鼎、帛池等祭器。

孔子墓　山東省曲阜市

孔子（公元前五五一年至前四七九年），名丘，字仲尼，魯國陬邑（今山東曲阜）人，中國歷史上偉大的思想家、政治家、教育家，儒家的創始人。

孔子墓園位于孔林中部偏南處，門前洙水流經，河上跨石橋三座，名『洙水橋』。橋前有石牌坊一座。進入墓園大門，甬道端正平直，兩側古柏參天，石像肅然默立。享殿建于明代弘治年間，面闊五間，單檐歇山頂。孔子墓塚位于享殿之後，墓塚前有漢白玉石碑一通，上書篆文『大成至聖文宣王墓』。孔子墓旁還有孔鯉、孔伋、孔白三代子孫墓。墓園經歷代維修，踵事增華，形制完備，園內環境更是典雅恬靜，莊嚴肅穆。每日前往拜謁瞻仰者來自五湖四海，絡繹不絕。

二九　洙水橋石牌坊

洙水橋位于墓園大門前，為三間四柱天柱式石牌坊，建于明代嘉靖二年（公元一五二三年），清代雍正年間重修。造型簡潔，風格古樸。

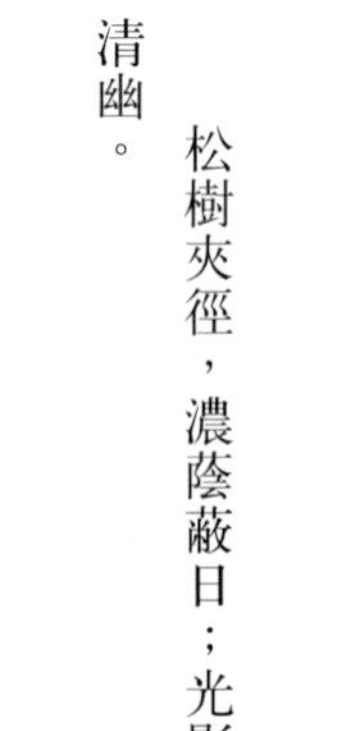

三〇　孔子墓甬道

松樹夾徑，濃蔭蔽日；光影搖曳，景色清幽。

三一　孔子墓前石象生

垂目收頷，靜穆伫立；表情溫和，神色凝重。

三二　孔子墓塚

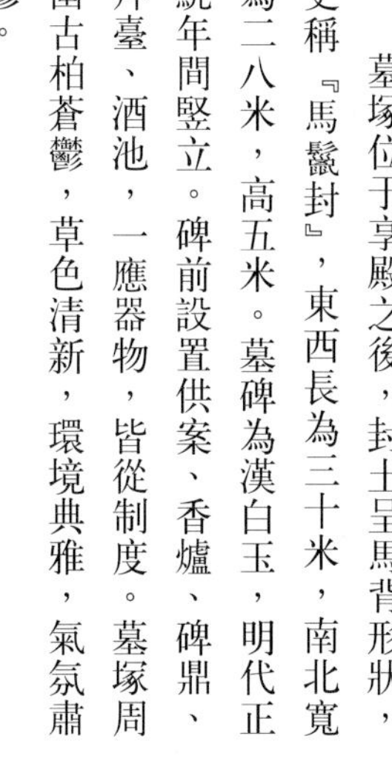

墓塚位于享殿之後，封土呈馬背形狀，史稱『馬鬣封』，東西長為三十米，南北寬為二八米，高五米。墓碑為漢白玉，明代正統年間豎立。碑前設置供案、香爐、碑鼎、拜臺、酒池，一應器物，皆從制度。墓塚周圍古柏蒼鬱，草色清新，環境典雅，氣氛肅穆。

秦公大墓　陝西省鳳翔縣

秦公陵園為先秦王公的族葬墓地，位于陝西省鳳翔縣城西南秦都雍城遺址南側，一九七七年進行考古發掘，共發現十三座陵園，三十二座大墓，其中規模最大的為秦公一號大墓。

一號大墓是我國目前發現的先秦時代最大的土壙木椁墓。墓中出土有金、玉、銅、鐵、石、陶、漆、絲織等各類隨葬器三千餘件，其中十餘件鐵鏟、鐵鍤，是中國北方地區發現時代最早、數量最多的一批鐵器。根據出土的石磬銘文推測，墓主可能是春秋晚期的秦景公（公元前五七七年至前五三七年）。

三三　一號大墓東側墓道

墓壙平面呈『中』字型，深二四米；壙口長五九·四米，寬三八·八米；壙底長四〇米，寬二〇米，總面積達五三三四平方米。占地逾七畝，規模宏闊，等級高貴。東側墓道為墓壙入口通道，長一五六米，寬約八米。春秋戰國時期，墓道既是進出墓壙的通道，也是墓葬等級的重要標志。

秦公陵、秦永陵　陝西省咸陽市

公陵為戰國時代秦惠文王（公元前三三七年至前三一一年）的陵墓，永陵為秦悼武王（公元前三一〇年至前三〇七年）的陵墓，二陵毗鄰，位于陝西省咸陽市周陵鄉。

公陵和永陵長期以來被誤傳為周文王和周武王的陵墓，今已考證闢謬。兩座陵墓封土均為覆斗形。平地隆起，形似丘阜，陵上草木茂盛，周圍田疇野綠。

三四　秦公陵和秦永陵

右為公陵，左為永陵。平地壘土，以山侔製，比肩為鄰，對相呼應。

三五　秦公陵前的謬碑

為清代陝西巡撫畢沅于乾隆年間（公元一七三六年至一七九五年）所立，本世紀六十年代後經考古研究予以闢謬糾正。

秦始皇陵　陝西省臨潼縣

秦始皇（公元前二五九年至前二一〇年），名嬴政，戰國時秦國國君。自公元前二三〇年起，十年之間相繼消滅了割據稱雄的六國，建立了中國歷史上第一個統一的中央集權制的封建國家。

秦始皇陵古稱『驪山』，在陝西省臨潼縣東，北臨渭水，南屏驪山，陵體高大，草木葱鬱，以陵象山，雄偉壯觀。據史載，始皇陵的營造時間長達三十七年。陵園規模宏偉，地下埋藏豐富。現存陵塚封土呈覆斗狀，南北長三五〇米，東西寬三四五米，高七六米。四周重垣圍繞，平面呈南北向長方形，內垣周長三八七一米，外垣周長六二一〇米，內外垣皆闢四向門闕。地宮位于陵塚之下，未曾發掘。近年來考古相繼發現城垣內的數處建築遺址和銅車馬，城垣外的馬廄坑、陪葬墓群、刑徒墓地，城垣以東一五〇〇米處的三個兵馬俑坑。

三六　秦始皇陵塚（春景）

田疇每春出嫩綠，高塚千載埋雄魂。

三七　秦始皇陵塚（冬景）

深冬重雪壓不住，曠世膽氣通天地。

三八　出土的銅車馬（夏居憲攝影）

前車稱為高車，或戎車；車前駟馬，車輿中央立一圓傘，馭官披襦戴冠，挎劍執轡。後車稱安車，或輬車；車前亦駟馬，車輿上置橢圓形車廂，門窗俱全；馭官手握六轡，全神貫注駕車。銅車馬造型之真，比例之宜，形象之美，工藝之精，堪稱稀世之寶。

兵馬俑坑　陝西省臨潼縣

兵馬俑坑是秦始皇陵的大型陪葬坑，目前已發現三個俑坑，總面積達二萬餘平方米，出土戰車百餘乘，陶馬六〇〇餘匹，武士俑約七千件，以及大量的青銅兵器。兵馬俑係黃泥塑作，尺寸近似真人，表面塗飾色彩，神采各异，栩栩如生，反映出秦代的雕塑藝術和技術的高超水平。

一號兵馬俑坑平面呈東西向長方形，面積一四二六〇平方米，六千餘件陶俑將士和車馬整齊編隊，組成大型軍陣。二號兵馬俑坑平面為曲尺形，面積約六千平方米，陶俑分為步兵、弩兵、騎兵和戰車，計一三〇〇餘件。三號兵馬俑坑平面為『凹』字形，坑內有甬道、前廳、後室、長廊、廂房，陶俑六十八件。研究認為，此處為統帥二號俑坑軍陣的指揮部。

兵馬俑坑已被聯合國教科文組織列入世界歷史文化遺産名錄，成為中國和世界的文化財富。

三九　一號兵馬俑坑全景（夏居憲攝影）

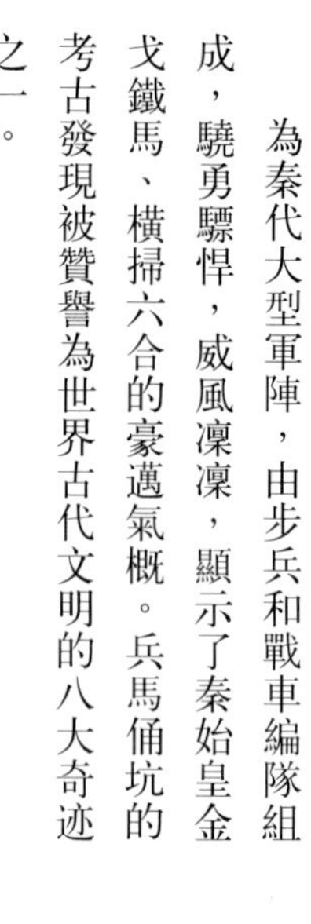

為秦代大型軍陣，由步兵和戰車編隊組成，驍勇驃悍，威風凜凜，顯示了秦始皇金戈鐵馬、橫掃六合的豪邁氣概。兵馬俑坑的考古發現被贊譽為世界古代文明的八大奇迹之一。

四〇　將軍俑（夏居憲攝影）

四一　立射俑（夏居憲攝影）

四二　跪射俑（夏居憲攝影）

四三　牽馬俑（夏居憲攝影）

胡亥墓　陝西省西安市

胡亥（公元前二三〇年至前二〇七年），秦始皇的少子，始皇三十七年（公元前二一〇年）被立為帝，稱秦二世，不久爆發農民大起義，受宦官趙高逼迫而自殺。墓園在陝西省西安市曲江池，墓前有清代乾隆年間豎立的石碑。墓園內其他建築均為近年所建。

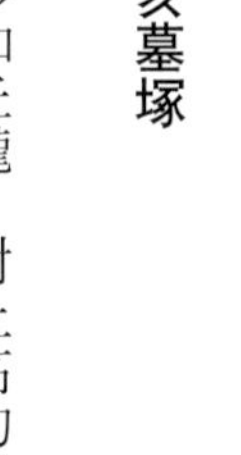

四四　胡亥墓塚

墓塚形如丘壠，封土高約五米，形制卑微。塚上草木雜叢，景象淒涼。

漢長陵　陝西省咸陽市

漢長陵為漢高祖劉邦（公元前二五六至前一九五年）和皇后呂雉（公元前二四一年至前一八〇年）的陵墓，在陝西省咸陽市窰店鄉三義村。

高祖陵塚在呂后陵塚之西，相距約二五〇米。二陵形制相同，規模稍异，皆為覆斗形。長陵之東現存七十餘座陪葬墓，有蕭何、曹參、張良、周勃等良將重臣的墓葬，墓塚形式有圓丘塚、雙連塚、三連塚，並有許多陪葬坑。

考古發現有彩繪兵馬俑，陶製五角形水道，帶有『長樂未央』、『長陵西神』等文字的瓦當，以及迴紋、菱形紋、柿蒂紋和陶文的磚瓦構件。

四五　長陵全景

漢長陵創立了漢代陵墓制度：帝、后分塚而葬；西尊東卑，帝塚居西位前，后塚居東側後，相對而望。陵園之東為安置良將重臣的陪葬墓園。圖中近處為漢高祖陵塚，遠處為呂后陵塚。

漢陽陵　陝西省咸陽市

漢陽陵為漢景帝劉啓（公元前一八八年至前一四一年）的陵墓，在陝西省咸陽市正陽鄉張家灣村。

帝陵塚為覆斗形。王皇后墓塚位于帝陵東北約四七〇米，亦為覆斗形。景帝廟稱『德陽宮』，位于陽陵南四〇〇米，現存建築遺址長一二〇米，寬八十米。陽陵陪葬墓在陵園之東，共有三十四座，現存十一座。

一九九〇年對陪葬坑的考古發掘中出土大量珍貴文物，其中彩繪陶俑五〇〇餘件，俑頭一三〇〇餘件，各種兵器、用具、漆器四〇〇〇餘件，是近年來漢代陵墓考古的重大發現。

四六　陽陵陵塚及南闕門

陵塚係壘土夯築而成，底部各邊長一六〇米，高三一・八米。南闕門遺址東西長二千米，南北寬十米，高五米。陵園內考古發現豐富，為漢代的歷史研究提供了寶貴的資料。

四七　羅經石

在北距帝陵塚四〇〇米處的德陽宮遺址內發現。石塊形似柱礎，下層方形，邊長一・七米；上層圓形，直徑一・三五米，上面鑿刻十字凹槽和中心圓孔。據研究，該石塊與陽陵規劃建設有關，可能用于定位，故稱『羅經石』。

四八　彩繪陶俑

九十年代初在陽陵南側的陪葬坑中發現近千件陶俑和百餘俑頭，有彩繪裸體俑、彩繪鎧甲俑、彩繪動物俑等。陶俑製作十分精緻，面目清秀，生動傳神。

漢茂陵　陝西省興平縣

漢茂陵為漢武帝劉徹（公元前一五六年至前八七年）的陵墓，在陝西省興平縣的南位鄉策村，營造時間長達五十三年，是西漢諸帝中規模最大的一座陵墓。

帝陵塚封土為方錐臺形覆斗狀，高大端正。孝武皇后（李夫人）墓塚在帝塚西北五〇〇米處，世稱英陵。墓塚封土為長方形，中腰收分為階臺狀，規模為帝塚之半。茂陵東側為陪葬墓區，今尚存衛青、霍去病、金日磾、霍光、陽信長公主等人的墓塚，封土有長方形覆斗、方形覆斗、山巒形、圓丘形，形式各异。

考古發現陵園有大面積建築遺址。附近出土有鎏金獸頭銀盤、銅犀牛尊、琉璃璧、青玉鋪首等珍貴文物。

四九　茂陵陵碑

茂陵陵塚係夯土起築而成，底邊東西長二三一米，南北寬二三四米，高度四六・五米，史載初時高度為二十丈，規模為西漢帝陵之首。陵體高若山丘，巍峨壯觀。陵碑聳立于陵塚前方。

漢渭陵　陝西省咸陽市

漢渭陵是漢元帝劉奭（公元前七六年至前三三年）的陵墓，在陝西省咸陽市周陵鄉新莊。

陵園平面為方形，面積達十六・四公頃，四周有夯土牆垣。陵塚位于陵園中央，呈覆斗形。在陵塚北面三〇〇米曾發現建築遺址，面積逾三萬平方米，牆基、平鋪方磚地面以及路面遺迹猶存，並出土一批玉雕品。陵塚正北三七五米處為王皇后陵，皇后陵封土為覆斗形，但規模遠不及帝陵，尊卑等級，昭然分明。陵塚東北三五〇米為傅皇后陵，東漢末年遭王莽破壞，今存低矮殘塚。

五〇　清代樹立的謬碑

清代乾隆年間陝西巡撫畢沅將渭陵誤標為平陵，今已闢謬，原謬碑製作精美，作為歷史遺物保留。

司馬遷墓　陝西省韓城市

司馬遷（公元前一四五年至前八六年），字子長，西漢夏陽（今韓城）人，偉大的史學家、文學家和思想家，著有我國歷史上第一部傳記體史書，後稱《史記》。

司馬遷墓在陝西省韓城市芝川鎮南。墓與祠相連，位于崗阜至高處，為宋元時期修葺的衣冠塚。周圍磚牆環繞，墓頂生長古柏，枝椏虬勁，濃鬱青翠，墓前豎立清代乾隆年間的『漢太史公』墓碑一座。祠廟築有寢宮、享堂、配殿和牌坊，四周築有雉堞高牆。廟內古碑林立。山門外的石階小徑兩側有鐵索護欄，穿過道道牌坊蜿蜒曲折而下。

五一　從芝水橋遠眺司馬遷祠

司馬遷祠修建于陡崖之巔，居高臨下，一望闊野。芝水傍崖縈繞，黃河橫流東去，氣象萬千，雄偉壯觀。

五二　司馬遷祠全景

高山仰止，構祠以祀。祠廟坐西向東，依山勢逐級而上四層臺岡，每層臺岡上立牌坊為志。自臺下仰望祠廟，有若飛巒扶搖；自祠廟俯瞰南原，好似奔瀾澎湃。

五三　司馬遷墓塚

墓塚位于崗阜至高處，圓形，徑約六米，周身青磚圍砌，係元代重修。墓前有清代墓碑一座。塚頂古柏一株五枝，象徵司馬遷享年之數。墓園內風起嗚咽，枝葉蕭瑟，充滿著悲涼淒然的氣氛。

五四　司馬古道

位于祠西，傍崖經過，為古時求學子弟進赴長安趕考的必經之路。滄桑歲月在這些大石板上蝕磨出了清晰的歷史痕迹。

五五　陡峭小徑

陡峭小徑曲折盤桓，一邊是石階踏步，一邊是凹陷的石鋪路面。雨季裏，路面兼作排水渠道，石階方便登祠祭祀，匠心獨運，更顯彰著。

五六　祠門外的石階

走過『河山之陽』牌坊，一條石階陡直垂落，直指祠門。

五七　祠院内的碑廊

祠院内保存的歷朝歷代瞻仰者的祭祝文辭和整修廟記，最早的為晉朝永嘉年間（公元三〇七年至三一七年）的記述碑，載錄祠廟的沿革與興衰。

霍去病墓　陝西省興平縣

霍去病（公元前一四〇年至一一七年），河東平陽（今山西臨汾）人，西漢名將。十八歲從軍出征，英勇善戰，屢建功勳，曾率兵六出祁連山，打通河西走廊，平定邊疆戰亂，受封大司馬驃騎將軍，死後賜予陪葬茂陵。

墓園內的石雕是中國現存年代最早、保存最為完整的大型藝術珍品，目前已發現十六件，造型古拙，構思精巧。其特點是利用材料原有形狀，巧妙取捨，略加雕鑿，著重神態，講求意境，生動地反映了西漢的藝術風格和特徵。

五八　霍去病墓塚全景

墓塚封土係黃土碎築而成，長九三米，寬六一米，高一五・五米，輪廓成祁連山形狀，用以紀念其卓著戰功。墓上廣植樹木，綠蔭翳然。

五九　墓塚正面

六〇　墓塚前的庭園

墓塚前的庭園現為昭陵博物館的一部份，丹亭碧樹，假山曲水，周欄慢踏，環境清靜整潔。

六一　『馬踏匈奴』雕像

墓園內的石雕以『馬踏匈奴』像最為著名，像長一・九米，高一・六八米。高大的戰馬氣宇軒昂，蹄踏翻仰在地的兇惡老朽，展現了霍去病横掃頑敵的英雄氣概。雕像手法洗練，蘊意深刻。

六二　躍馬雕像

駿馬前肢騰起，後肢收攏，生動地展現了駿馬凌空奔躍一刹那間的矯健姿態。

六三　卧牛雕像

老牛四肢踡曲俯卧，體態神情悠閑，一副安然自得的樣子。

張騫墓　陝西省城固縣

張騫（？至公元前一一四年），漢中成固（今陝西城固）人，西漢著名外交家。曾兩度奉命出使西域，過葱嶺，越荒漠，親歷大宛、康居、烏孫、安息、大月氏等地，歷時十三年之久，為發展漢朝與中亞各地的文化交流和友好關係做出了重要貢獻。

張騫墓園在陝西省城固縣城北饒家營。墓塚前面竪立清代乾隆年間石碑三通，正中一通隸書『漢博望侯張公騫墓』。墓道尚留存漢代石虎雕像兩隻。惜剝蝕嚴重，原貌幾近盡失。墓園內建有獻殿、廊廡和門樓，環境清静優雅。

六四　張騫墓塚

張騫墓塚坐北向南，建造在磚臺基上，封土呈橢圓形，南北長一三米，東西寬八米，高五米，週圍有柏、橡、松、桐，蒼鬱茂密。

六五　石虎雕像

雕像位于墓道兩側，手法粗獷，造型古樸，惜破壞嚴重，頭、足皆失，僅餘軀幹，風貌依稀可辨。

蘇武墓　陝西省武功縣

蘇武（？至公元前六〇年），西漢杜陵（今西安）人，西漢使臣。曾奉命出使匈奴，被羈扣并流放北海（今貝加爾湖）牧羊，不懼威逼，不陷利誘，守節不屈十九年，後因漢朝與匈奴重歸和好，遂被遣返回朝。千百年來，蘇武精神成為中華民族崇高氣節的象徵。

蘇武墓在陝西省武功縣舊城北的龍門村，墓塚緊靠農宅後院，為圓丘形碎土堆，周長約七〇米，高約四米，墓前分別竪立三通清代康熙、乾隆、道光年間石碑，周圍秋桐蕭蕭，殘葉稀疏。

六六　蘇武墓塚

昭君墓　內蒙古呼和浩特市

昭君名王嬙，生卒年月不詳，西漢南郡秭歸（今湖北興山）人，自願出塞與匈奴韓邪單于聯姻和親，促進當時邊疆安定，民族和睦，事迹留傳為千古佳話。

昭君墓在內蒙古自治區呼和浩特市城郊大黑河南岸。因墓上草色四季常青，又名『青塚』。沿石階盤繞可至墓頂，憑高遠眺土默川平原，一望無際，大青山屏列若幛，大黑河蜿蜒如帶，景色絶佳。

六七　昭君墓塚

昭君墓塚形似平地兀立的山丘，高度三三米。墓前有儀亭一座，六角攢尖頂。墓頂有享殿。墓園內草色常青，有『青塚擁黛』的美稱。辰如峰，午如鐘，酉如縱，四時景致，意趣不同。

張仲景墓　河南省南陽市

張仲景（公元一五〇年至二一九年），東漢南陽郡（今河南南陽）人，著名醫學家，救死扶傷，醫術精湛，著有《傷寒論》、《金匱要略》，為中醫之經典，被尊奉為醫聖，世代受人景仰。

墓在河南省南陽市東郊的『醫聖祠』。墓塚位于祠廟後側，平面為方形，每邊長四・六米，高約四米，四壁用磚牆圍護，頂部砌磚層層收分，呈方錐形。獻殿面闊三間，重檐廡殿頂，殿與墓亭相連。獻殿之後為享殿，面闊三間，單檐歇山頂。墓園內松柏常青，花木繁茂，坊門、碑亭、碑廊、廂房各式建築掩映其中，氣氛寧靜優雅。

六八　醫聖祠

醫聖祠的形制為祠墓合一，占地廣闊。祠門二進，建做漢式雙闕，開三連式拱門。祠院內有獻殿、墓塚、享殿、碑亭、碑廊等建築，多為清代重修。張仲景被譽為『萬世醫宗』，前來瞻仰拜謁的人絡繹不絕。

六九　獻殿

蔡倫墓　陝西省洋縣

蔡倫（？至公元一二一年），東漢桂陽（今湖南郴州）人，傳為造紙術的發明人。曾任尚方令，主管御器製造，常有巧思佳作。後來悉心總結前人造紙經驗，改進造紙術，所造紙張價廉物美，時稱『蔡侯紙』，賜封為龍亭侯。

墓園在陝西省洋縣龍亭鋪。墓園內有碑亭一座，豎立明代萬曆年間石碑一通，上書『漢龍亭侯蔡倫之墓』。祠廟位于墓塚之前，有殿宇十數間。墓園內散布古柏數十株，高大挺拔，濃蔭蔽地。

七〇　墓碑

七一　墓塚

七二　蔡倫墓

蔡倫墓塚封土呈橢圓形，南北長約三〇米，東西寬約一七米，高七米，碎土築成。墓道兩側佇立石象生和石碑，今已缺佚不完整。近年來不斷修葺營繕，現已初顯規模。

孝堂山石祠　山東省長清縣

石祠位于山東省長清縣西南的孝堂山上，相傳孝子郭巨葬此。墓塚堆壅封土為馬背形，稱為鬣封。墓前有兩開間石屋一座，名為郭巨祠或孝子堂。山也因此而得名。

石祠平面長方形，面闊三・八米，進深二・〇米，兩坡懸山頂，高約二・一米，全部石板築成。屋面和檐部琢出瓦壟和檐椽。室內三面牆壁用綫雕刻畫車馬出行、行獵百戲、庖厨宴飲、神話傳説等。室內梁架上有東漢永建四年（公元一二九年）的游者題記。它是我國現存最古老的地面建築實例。（楊道明撰文）

七三　孝堂山石祠（楊道明、徐庭發攝影）

麻浩崖墓　四川省樂山市

麻浩崖墓位于四川省樂山市東南麻浩河東崖的山麓上，建于東漢時期。墓室依崖壁修鑿成隧洞式，深度可達十餘米。墓室兩壁再鑿出棺室，放置棺柩。

一號崖墓建造于東漢陽嘉三年（公元一三四年），規模最大。墓室依崖壁修鑿出享堂，空間敞闊，石壁上雕刻出柱枋檐頭瓦當，模倣木結構建築形式，惟妙惟肖，還雕刻出『荆軻刺秦王』以及宴飲、車馬等三十餘幅圖畫，形神俱備。其中門堂額枋上雕刻的佛像，綫條簡練，形態生動，是我國發現年代最早的佛像之一。

七四　崖墓外觀

崖墓入口的做法倣木結構建築，闢方形門洞，鑿刻梁、額、柱、枋、斗栱；前檐出挑，椽桷瓦當，構件齊整。整個造型比例恰當，刻畫細緻，深刻反映了漢代四川地區的石結構建築技藝。

七五　崖墓檐口雕刻

七六　崖墓的前室

七七　寬敞的享堂

七八　荊軻刺秦王雕刻

根據歷史故事雕刻而成。荊軻圖窮匕首見，奮力撲向秦始皇，欲行刺殺，武士將其攔腰抱住，秦始皇倉惶逃離。畫面將靜態的柱子置于中間，與動態的人物形成強烈的對比，同時又貼合故事情節，人物形態極其生動傳神，富有感染力。

茅村畫像石墓　江蘇省銅山縣

茅村畫像石墓在江蘇省徐州市銅山縣鳳凰山東麓，建于東漢熹平四年（公元一七五年）。墓道向東，主次兩門并列，分前中後三室，屋頂用條石疊澀砌成覆斗藻井。墓室平面緊湊，構造嚴密，結構合理。

畫像石集中在前中兩室，滿布于門楣四壁，計二〇幅，雕有出行宴客、珍禽异獸、馬戲雜技、亭臺樓閣，內容豐富，形象突出，神態生動，琳瑯滿目。（唐士欽撰文）

七九　前室（楊道明、徐庭發攝影）

八〇　中室（楊道明、徐庭發攝影）

高頤墓闕　四川省雅安市

高頤墓闕位于四川省雅安市城東的姚橋，建于東漢建安十四年（公元二〇九年）。墓闕由高低兩部份組成，為子母闕形式，由紅砂岩石壘砌雕鑿而成，通體高度六米。造型模倣木結構建造形式，臺基、屋身、屋檐、形制完備；斗栱、額枋、檐椽、構件俱全，重檐屋頂，平緩舒展。闕身的檐壁上雕刻有人物車馬、飛禽走獸。屋頂脊飾造型奇特。整個建築充分表現出漢代木結構建築的質樸與端莊。

八一　墓闕正面

八二　墓闕背面

八三　墓闕銘文

銘文為隸書，鐫刻于墓闕正面，因年代久遠，字迹剝蝕，不易辨識，但書體古拙，筆力老成。

八四　墓闕的轉角斗栱

八五　墓闕旁邊的石虎

打虎亭漢墓　河南省密縣

打虎亭漢墓位于河南省密縣新城西南四公里的打虎亭村。兩座墓塚封土皆為圓丘狀，一號墓塚高一五米，二號墓塚高七・五米。二墓墓室規模形制大致相同，平面布局以中室為主，沿中室四壁建造東、南、西、北四室以及前室和主室，與『地坑天井院』式窰洞住宅的布局非常相似。墓室採用磚石混合結構。一號墓保留有大量優美精湛的石刻畫像，有人物、車馬、厨炊、宴飲、迎送、收租、飼養以及猛獸异禽、祥雲瑞草，場面寬廣，內容豐富。二號墓殘存大面積的彩繪和墨繪壁畫，有龍虎蛇豹、雀鶴鹿犬、奇花异草、仙人勇士，題材駁雜，內容怪誕。二墓的石刻畫像和彩繪壁畫構思奇巧，手法奔放，風格灑脱，反映了東漢時期石刻藝術高超的想象力和表現力。

八六　一號墓前室刻畫（楊道明、徐庭發攝影）

八七　二號墓後室刻畫（楊道明、徐庭發攝影）

八八　二號墓中室壁畫（楊道明、徐庭發攝影）

這是一幅异禽怪獸圖。畫面左側有一隻紅虎撲向棕熊，而右側却有一隻藍熊手握青蛇騎在虎背上，中央有一個倒立的羽人，下方是一個做舞蹈狀的人形鬼層，還有形態各异的鸞雀。整個畫面景物描繪怪譎，形態誇張出奇，反映了當時人對自然的一種認識觀念。

八九　二號墓中室壁畫

這是一幅蓮花圖，呈正方形，約一米見方，位于中室券頂。圖面採取抽象方法將蓮花圖案化，中心為青色花蕊，兩層蓮瓣在尖緣處塗朱紅色，蓮瓣白色，以青黑色做底。整個畫面，色彩鮮艷，十分醒目。

安丘畫像石墓　山東省安丘縣

安丘畫像石墓原在山東省安丘縣南九公里的董家莊，因興修水利搬遷至縣博物館內。墓室分前中後三室，屋頂為覆斗狀藻井。墓室內有畫像石六十餘幅，刻有神話傳說中的珍禽异獸、羽人飛仙等。墓室中還有三顆雕柱，構思巧妙，雕鏤精美，造型新穎，引人入勝。一顆方柱在前中室之間，柱上有用浮雕、圓雕等手法雕出的四十四個不同姿態的人物。另一顆圓柱在後室中央，上置櫨斗，下設柱礎，刻有群獸和人物，姿態各异，形象逼真。這種畫像石與雕塑相結合的墓室，既反映出漢代雕刻技藝的發展水平，也反映了畫像石墓室形式的多樣。

（楊道明撰文）

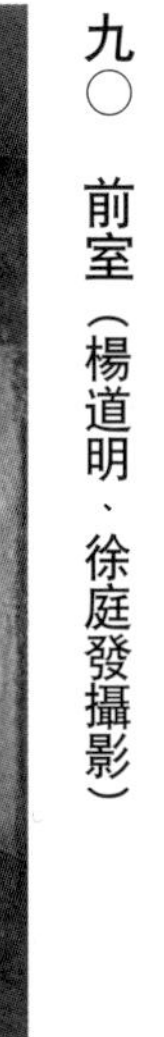

九〇　前室（楊道明、徐庭發攝影）

九一　後室（楊道明、徐庭發攝影）

諸葛亮墓　陝西省勉縣

諸葛亮（公元一八一年至二四三年），字孔明，瑯琊陽郡（今山東省沂南）人，三國蜀漢政治家、軍事家。他聰睿賢明，足智多謀；文韜武略，功勛卓著。建興十二年（公元二四三年）與魏軍對抗，病逝軍中，葬定軍山，是中國歷史上一位充滿傳奇色彩的偉大人物。

諸葛亮墓又名武侯墓，在陝西省勉縣定軍山脚下。墓塚為覆斗形，周長六〇米，高約六米，四周圍砌磚牆。墓前有祭亭一座，内竪石碑銘書『漢丞相諸葛忠武侯之墓』。墓後有古桂兩株，高大繁茂，濃蔭如蓋，傳為漢桂。大殿中藏有歷代記文石碑，獻殿中匾聯遍懸，歌功頌德，至尊至誠。墓園内林木葱鬱，靜謐優雅。

九二　墓園入口

墓園入口為三開間門屋，建于清代，硬山頂，鋪青灰瓦，屋脊雕鏤花藻細膩，斗栱布列繁密奇巧，中柱之間立三面版門，風格樸實無華，具有典型的陝西南部民居風格。

九三　墓園庭院

九四　墓亭

墓塚前有墓亭，平面方形，攢尖頂。墓碑置于碑亭內，左側為明代萬曆二十二年（公元一五九四年）立的石碑，銘文『漢丞相諸葛忠武侯之墓』；右側為墓識碑。亭子中央的額枋上高懸『雙桂流芳』牌匾。英名千古，流芳萬代。

九五　雙桂護擁的墓塚

墓塚後側有兩株高大的桂樹，護擁著墓塚。每逢桂花盛開季節，墓園內香氣彌漫，沁人心脾，因此，被譽為『雙桂流芳』。

關林　河南省洛陽市

關羽（公元？至二一九年），字雲長，河東解縣（今山西臨猗）人，三國蜀漢大將。從劉備起兵，過關斬將，驍勇善戰；忠心義膽，至死不渝。建安二十四年（公元二一九年）兵敗荊州被殺。他的故事經歷傳誦，遂被推演成為一位神話般人物，尊號纍至『關聖』、『關帝』。

關林在洛陽城南七公里的關林鎮，傳為埋葬關羽首級處。現占地約百畝，殿宇堂皇，松柏蒼鬱。墓園正中為甬道大石坊，莊嚴凝重。石供案上，香霧裊裊。墓塚平地隆起，周圍砌築園牆，正面有清代建造的石墓門和八角亭。墓園內氣氛肅穆，環境幽雅。

九六　關林的甬道

甬道端直通向大殿，兩側欄杆的望柱上蹲著一尊尊石獅子，姿態各异，形象生動，好似列隊整齊的儀仗，既加強了空間的深邃感，也增添了莊嚴肅穆的氣氛。院內古柏蒼鬱，景色幽雅。

九七 大殿

大殿面闊七間，進深三間，單檐廡殿頂，總面積七六〇平方米，是關林最大的建築。大殿建于明代萬曆二十四年（公元一五九六年），殿内侍奉關羽的貼金塑像。大殿前有拜殿，又稱『啓聖殿』，為舉行祭禮拜謁的場所。拜殿内東側懸挂明代大鐘，西側竪立關羽的青龍偃月刀。直楹高枋，殿宇堂皇，瞻仰參觀者終日不絶。

九八 『漢壽亭侯墓』石牌坊

墓塚正中前方有兩座石牌坊，前坊為三間四柱櫺星門式，正額題刻『漢壽亭侯墓』；後坊為單間雙柱式，正額題刻『中央宛在』，兩側篆、隸、行、楷，題聯滿楹，筆力遒勁。

九九 葬首級的墓塚

墓塚平面呈八角形，係壘土碎築而成，現高度約為一〇米。塚上遍植松柏，四季常青。

一〇〇　欄杆上的石獅

一〇一　墓塚前的鐵獅

北魏景陵　河南省洛陽市

景陵為北魏宣武帝元恪（公元四八三年至五一五年）的陵墓，在河南省洛陽市北郊的邙山鄉。

景陵墓塚現存高度二四米。地宮置于封丘之下，由墓道、前甬道、後甬道和墓室四部份組成，全長五四・八米，為磚石結構。甬道頂部採用四層磚砌拱券的構造做法，頗具特色。地宮地面鋪砌青石板，規格方正。四壁無彩畫，石材皆為素面，磚牆表面塗刷一層青黑顏料，樸素無華，反映出北魏時期崇尚節葬的特徵。在墓道口不遠處發掘出一尊高二・九米的無頭石翁仲，從而證明了北魏墓前確有神道石刻。景陵風格樸實，色調素雅，具有極高的研究價值和觀賞價值。

一〇二　景陵墓塚全景

景陵墓塚封土高大，呈圓丘形，係壘土夯築，底部直徑一〇五米至一一〇米，高度為二四米。現已形成以景陵為主體景觀的古墓葬博物館，藏品珍貴，內容豐富。

一〇三　景陵地宮甬道及封門牆

蕭景墓　江蘇省南京市

南朝建都建康（今江蘇南京），故南京附近多南朝帝王公侯的陵墓。

蕭景墓在江蘇省南京市堯化門外，墓上不堆壅封土，無丘壠形狀。墓前神道兩側設置成對的石獸和墓表，相對并峙，守護著神道和陵墓，渲染著陵墓環境的莊重肅穆和神秘威嚴。石獸名辟邪，體形碩大，類似雄獅，氣勢威武。墓表亦稱神道柱，比例勻稱，造型優美，為古代石刻藝術的珍品。

一〇四　蕭景墓墓表

該墓表為迄今惟一保存完好的南朝陵墓墓表，通體構圖為三段，基座為一對大力獸，風雨剝蝕嚴重；柱身刻凹槽綫脚，上端出方版，刻銘文；頂部為圓形華蓋，上蹲小辟邪。整個墓表構思精巧，端莊俊秀。（責任編輯注：方版上刻有墓主職衔和姓名，神道左側墓表版上正書，右側反書。本圖為右側墓表，故版上文字為反書。）

一〇五　墓表的基座

一〇六 墓表的華蓋

一〇七 威武的辟邪

一〇八 毁壞的辟邪

蕭績墓　江蘇省句容縣

蕭績為梁朝南康簡王，墓在江蘇省句容縣。此墓建造于梁朝全盛時期，因此制度嚴謹，手法規矩。墓上不起封土，墓前神道平闊端直，兩側設置石獸和墓表，相向對立，威風凜凜。石獸名辟邪，體形碩壯，形神威猛。墓表基座力獸匍伏，柱身修直穩健，方版陰刻銘文，華蓋環繞覆蓮，通體高度約六米，均為梁朝石刻藝術的優秀作品。

一〇九　蕭績墓全景

蕭績墓是南朝諸王陵墓中遺存較為完整的一個實例。雖然陵墓不起封土，但是完整的石獸和華麗的墓表仍可以勾勒出當年王陵所具有的嚴謹形制和雄偉規模，令人感受到一種威嚴而肅殺的氣氛。

一一〇　西側墓表

該墓表的形制與蕭景墓表同出一式，反映出南朝時期王陵的制度以及石刻技藝的水平。

一一一　墓表的基座

一一二 墓表的方版

一一三 東側墓表

一一四 碩壯的辟邪

好太王陵　吉林省集安市

好太王陵為高句麗第十九世廣土王談德（在位期公元三九二年至四一二年）的陵墓，位于吉林省集安市區東的太王村。墓塚採用巨石砌築，平面為方形，每邊長六六米，因早年屢遭盜掘，破壞嚴重，今僅餘殘高一四・八米。墓塚東北二〇〇米處竪立石碑一座，俗稱『好太王碑』，由一整塊角礫凝灰岩石略加修琢而成，呈不規整方柱形，高六・三九米，是研究高句麗歷史的寶貴資料。

一一五　好太王碑

好太王碑原在墓塚前露天安置，今為妥善保護，修建了碑亭和護柵。碑亭平面方形，四角攢尖頂，鋪黃色琉璃瓦，碑亭的造型與當時的建築風格相去甚遠，同時，也易與碑文的書法風格產生時代理解的誤差。

一一六　碑身銘文

好太王碑銘文沿碑身四面環繞鐫刻，為隸書體，能夠辨識的尚有一七七五字，主要記述了高句麗的建國傳說、太王業績、法令刑律、守墓制度等。書體古拙剛勁，結構嚴謹，為書法藝術之瑰寶。

將軍墳　吉林省集安市

將軍墳坐落在吉林省集安市區東北的龍山脚下，修建于五世紀末期，據考證是高句麗第二十世長壽王巨璉（在位期公元四一三年至四九〇年）的陵墓。墳塚全部採用千餘塊精琢的花崗岩石條壘砌，狀如金字塔。墓室設在第五級中央，平面為方形，寬五米，高五・五米，正中擺放巨石棺床。墓頂發現有等距離分布的圓形柱洞，並留有殘瓦遺物，推知當年在此建造表享堂之類的建築。巨石塚構築嚴謹，技藝精良，造型獨特，被譽為『東方金字塔』。

一一七　將軍墳正面

將軍墳平面為方形，每邊長三一・五米，高一二・四米，立面逐層收減面闊，頂層削平，成七級方形錐臺。據推測，墓頂及神道應有祭祀建築，惜今已毀蕩無存，惟有白雲藍天襯映下的高大石塚孤傲屹立，氣勢雄渾。

一一八　將軍墳側面

倚山壘石塚，像山更巍然。

一一九　倚靠的巨石

為抵抗來自墓頂的側推力，在底層的墓臺四周倚放數塊天然巨石，重逾千斤，足見當年建造大石塚的艱難與辛苦。

一二〇　陪葬墓

該陪葬墓位于大石塚東側，亦用壘石構築，但是規模較小，手法簡單，反映出它與大石塚之間的尊卑主從關係。

隋泰陵　陝西省扶風縣

隋泰陵為隋文帝楊堅（公元五四一年至六〇四年）的陵墓，在陝西省扶風縣東南二十公里處，為文帝與皇后獨孤氏的合葬墓。

泰陵陵塚封土為方錐臺形覆斗狀。塚南豎立清代乾隆年間石碑一通，鐫刻『隋文帝泰陵』。陵園占地九公頃，曾有城垣闕樓、門庭殿宇、石像碑碣，今已俱毀無存。

考古發現有泰陵祠廟遺迹，曾出土帶有菩薩形象的瓦當，十分罕見。據研究，文帝出生在尼庵，崇尚佛事，因此陵園建築也帶有鮮明的佛教色彩。

一二一　泰陵陵碑

泰陵陵塚係碎土壘築，底部四周遭挖掘毀壞，邊界殘缺，現殘存東西長一六六米，南北寬一六〇米，高二七・四米，塚頂削平為臺呈長方形。現今周圍農田環繞，陵園遺構蕩然無存。

陵碑位于陵塚南側，碑座已埋没于土中，現高三・五米，碑文為隸書體，係清代乾隆年間陝西巡撫畢沅撰書。

唐昭陵　陝西省禮泉縣

唐昭陵為唐太宗李世民（公元五九九年至六四九年）的陵墓，在陝西省禮泉縣東北二十三公里的九嵕山上，是唐代諸帝中規模最為宏偉的陵墓。

九嵕山主峰海拔一一八八米，為北脈九峰之尤，主峰南面地勢遼闊，一望無邊，其餘各面群山環繞，層巒起伏，昭陵玄宮修建在主峰之上，太宗與文德皇后合葬于此。整個陵園占地二萬公頃，以山陵為基點向東南、西南方向延伸鋪展，形如褶扇，周長六〇公里。陪葬墓群規模龐大、數量衆多，計有一百八十多座，知名者有長孫無忌、魏徵、房玄齡、孔穎達、閻立德等。

昭陵曾遺存大量石像碑碣，舉世聞名的『昭陵六駿』是彌足珍貴的藝術精品；『十四賓王像』依照繪像雕刻，惟妙惟肖；神道兩側豎立八十餘通碑碣柱表，特色各异，惜屢遭刦毁，大部佚失，今存四駿雕像，突厥答布可汗、焉耆王、吐蕃贊普三像以及二十餘通碑刻。

昭陵因山為陵，手法豪邁，格局恢宏，氣勢磅礴。

一二二　九嵕山主峰上的昭陵

昭陵首開唐代『因山為陵』之先例，將玄宮修建于九嵕山主峰之巔。《唐會要》記載：『緣山傍崖，架梁為棧道，懸絶百仞』。九嵕山主峰，南望呈覆斗形，西望如筆架狀，凌空獨立，孤傲峻峭，充分體現了唐初歷經『貞觀之治』以來的強盛國勢和豪霸氣概。

一二三　由南面遠眺昭陵

由南面山麓下的平川遠眺昭陵，其覆斗形的山體宛如天然陵塚，形象逼真，一目瞭然。

一二四　暮靄中的昭陵

孤傲兀立的主峰和平坦開闊的山梁在暮靄的剪裁中，形似高大的陵塚和端直的神道，天設地造，神工之作。

一二五　陪葬墓之一的李勣墓

李勣又名徐懋功，為唐代太宗朝之重臣，死後陪葬于昭陵。其墓塚形制取法漢武帝茂陵的霍去病墓，壘造三塚連貫起伏，象徵陰山、鐵山、烏德犍山之形態，以志紀念，手法簡潔，形象樸實。

一二六　三峰相連墓塚

墓塚上的三座丘峰在平面上呈等腰三角形布局，立面上居中高大，兩翼低平，恰似山形。

唐乾陵　陝西省乾縣

唐乾陵為唐高宗李治（公元六二八年至六八三年）和皇后武則天（公元六二四年至七〇五年）的合葬陵墓，位于陝西省乾縣城北的梁山上。

陵以梁山北峰為玄宮，海拔一〇四七米，南面二峰形狀低矮，東西對峙，表作天然門闕。陵前神道居中端直，長達四公里。陵道兩側依次排列華表、飛馬、朱雀、石馬、石人共十八對。朱雀門外，東西各立巨碑一座，西為『述聖記碑』，東為『無字碑』。闕門之內，東西兩側整齊排列六十一尊少數民族的酋領石像。史志記載，陵園周圍雙重牆垣，四向闢門，建造樓闕。南門內殿宇高大，廊廡周迴，檐喙甍銜，蔚然壯觀，惜現皆不存。乾陵有陪葬墓十七座，現狀尚好，個別還遺留有石刻。

乾陵以其巧妙的自然形勝和眾多的文物遺存而成為唐代陵墓中的傑作。

一二七　由南面遠眺乾陵

梁山三峰，北峰高峻，儼如陵塚，南峰低矮，分峙東西，形如雙乳，為陵園的天然門闕，氣勢雄偉壯觀。

一二八　乾陵陵塚

陵塚取象天然山形，高大端莊，氣氛磅礴。

一二九　陵塚前的門闕

位于陵塚前入口處，為陵園內城的正門，係黃土碎築而成。今考古發掘表明，該門闕的形制為三出闕式，印證了唐陵出土壁畫中所表現的形象。

一三〇 華表

一三一 朱雀

一三二 飛馬

一三三　侍臣

一三四　無字碑

碑高六・三米，寬一・八米，厚一・三米，碑座敦實，碑身厚重，碑額上八條螭首引頸相交，碑側綫刻大雲龍紋，初立時表裏未刻一字，故曰『無字碑』。宋金以後有游客題刻，今字迹多已蝕殘。

一三五　述聖記碑

碑高六・三米，寬一・八六米，碑身模倣建築的造型，由基座、碑身、屋檐三部份組成。碑文為武則天所撰，中宗李顯所書，贊頌高宗的文治武功，計逾八千字。昔時字體筆畫均以純金填充，熠熠奪目，今個別字體上尚辨遺迹。

一三六　番酋石像

陵園内城入口兩側分列六十一番酋石像，長袍束身，併足立正，拱手胸前，形態恭謙。

一三七　威武的石獅

一三八　肅穆的侍臣

唐定陵　陝西省富平縣

唐定陵為唐中宗李顯（公元六五六年至七一〇年）的陵墓，在陝西省富平縣宮里鄉的鳳凰山。

鳳凰山由三座山峰并聯，中峰突起，東西二峰平緩，遠看宛如一隻振翅欲飛的鳳凰，故而得名『鳳凰山』，定陵正好落位在中峰之上。陵園平面為長方形，面積約十二平方公里，臺地由南向北逐漸升高，至陵墓為最高點。神道兩側現存石獅一對，石人五個，黃土堆壅高及胸腹。牆垣、門闕、神道等遺迹仍依稀可辨。

一三九　唐定陵

陵園地形南低北高，逐層起臺，神道直對鳳凰山的中峰。中峰兀立象陵塚，又如鳳凰之首腦，取形生動，寓意深長。

一四〇　侍臣

一四一　侍臣

一四二　石獅

一四三　唐橋陵

橋陵的建造形制與乾陵相倣。據勘察，玄宮建在主峰之上，墓道以階梯形式深入山體達二〇米，全部採用石條疊砌封閉。橋陵今修復治理，神道平坦寬闊，儀像陣列整齊，昔日格局與風貌得以再現。

唐橋陵　陝西省蒲城縣

唐橋陵是唐睿宗李旦（公元六六二年至七一六年）的陵墓，位于陝西省蒲城縣西北十五公里的金熾山。

陵區範圍廣闊，占地面積近四十公頃。陵園平面呈梯形，南窄北寬，形式獨特。園内建築歷經滄桑均已毁圮無存。今尚存四門石獅四對，華表一對，辟邪一對，朱雀一對，石馬五對，石人十對，以及散落的石雕像、神道碑等。據傳，唐朝詩人杜甫因避安史之亂，栖居蒲城，留有贊頌橋陵宏偉壯觀的長詩。

一四四　華表

一四五　朱雀

一四六　辟邪

一四七　侍臣

唐泰陵　陝西省蒲城縣

唐泰陵為唐玄宗李隆基（公元六八五年至七六二年）的陵墓，位于蒲城縣東北十五公里的金粟山。

金粟山主峰高聳，形端體豐，周圍群山環抱，揖拱呼應。《大唐新語》載：玄宗見金粟山有龍盤鳳翔之勢，深為感慨，遂定此處為千秋之後葬身之地，追述先志，置山陵焉。當年陵園內的殿宇樓闕，一應俱毀，牆垣遺迹，尚可辨識，神道兩側的石雕像，有華表一對，辟邪一對，朱雀一對，石獅一對，石馬二對，石人十對，排位整齊，保存良好。陵園範圍廣闊，神道寬廣通直，石像碩壯威武，唐陵風貌歷歷在目。

一四八　侍臣

一四九　唐泰陵

唐泰陵所在的金粟山，巒岡起伏，宛如龍盤鳳翔，尤其是主峰高聳，左右兩翼逐漸降低，至正南豁然與地齊平，呈負陰抱陽之圍合形狀，山形地勢，尤為佳絕。

一五〇　華表

一五一　朱雀

一五二　辟邪

一五三　石馬

一五四　石獅

唐順陵　陝西省咸陽市

唐順陵是武則天之母楊氏的陵墓，在陝西省咸陽市底張鄉。史載：楊氏死後以王禮行葬，武則天在天授元年（公元六九〇年）篡位稱帝改國號為周，遂追封其母為孝明高皇后，將墓改陵，擴大規模，提高等級。

陵園雙重城垣，遺迹猶存。陵前神道兩側依次排列石雕像，有石人十三尊，以及石羊、石虎、石獅、華表等，靜默肅立，儼然如儀。神道前布置一對辟邪，亦稱天祿，頭出獨角，肩生雙翼，身圓似牛，尾長垂地，神態生動，氣勢威武，表現出唐代雕刻藝術強勁豪邁的風格。

一五五　唐順陵

陵塚為方形覆斗狀，係碎土建造，底部每邊長四八·五米，高度一二·六米，形制規則方正，儀仗陣容整飭。

一五六　門闕和陵塚

從内城門闕直望陵塚，陵塚居中，門闕夾峙，神道端直，陵園格局盡收眼中。

一五七　辟邪

一五八　神道西側石象生

神道兩側石象生共六對，右文臣，左武將，拱手肅立，神態莊重。

一五九　神道東側石象生

一六〇　南門東側石獅

陵園内城南門石獅作行走狀，雄雌各一，或吼或嘶，形象生動。

一六一　南門西側石獅

一六二　北門東側石獅

陵園内城北門石獅作踞蹲狀，牝牡相望，似鳴似叫，威風凜凜。

一六三　北門西側石獅

永泰公主墓　陝西省乾縣

永泰公主名李仙慧，是唐中宗的七女，武則天的孫女，亡故後陪葬乾陵。墓塚封土呈方形覆斗狀。神道兩側布置石獅一對，石人二對，華表一對，規格較高。墓室係磚石結構，由墓道、甬道、前後墓室組成，全長八七·五米，深一六米。

考古發掘出土文物達一三〇〇餘件，有陶俑、三彩俑、陶瓷器、金屬器等，工藝精細，造型優美。壁畫內容豐富，構思完美，充分反映唐代宮廷生活和出行禮儀，青龍白虎，形象猙獰，武士戰馬，威武雄壯，宦官宮女，栩栩如生，雀鳥花草，刻畫逼真，盛唐風采，盡人領略。

一六四　永泰公主墓塚

墓塚係夯土修築，底部邊長各為五十六米，高一四米。墓塚上松柏葱鬱，四季常青。

一六五　前室

平面為方形，室內用磚襯砌，室頂為尖瓣拱。室壁四周繪成廊廡，人物多為侍女，體態豐腴，表情逼真，綫條流暢，色彩鮮艷，是唐墓壁畫中的傑作。

一六六　後室

懿德太子墓　陝西省乾縣

懿德太子名李重潤，為唐中宗的長子，卒後葬洛陽，後遷移乾陵陪葬。此墓當時『號墓為陵』，規模宏闊。墓塚封土為覆斗狀，底部各邊長六五米，高一八米，神道遺存有石獅、石人以及華表。墓室係磚石結構，主要由墓道、甬道、前後墓室組成，全長一〇〇・八米。

考古發掘隨葬品千餘件，尤其是壁畫相當完整，有青龍白虎、出行儀仗、城牆樓闕、宦奴宮娥、蕃使客臣、樂伎僕役、花草雀鳥，題材廣泛，內容豐富。人物造型，姿態各异，形神兼備，綫條流暢，設色艷麗，真實地再現了唐代宮廷華貴優雅的生活場景。

一六七　懿德太子墓壁畫

此畫為闕樓圖，高、中、低三座闕樓依次相連，面闊三間、進深三間，平座懸挑，檐角高啄，生動地刻畫了唐代的建築形象。

一六八　懿德太子墓壁畫

畫面上的仕女雲髻高捲，蛾眉濃密，雙眸凝視，朱唇微啓，著紅披綠，栩栩如生。

一六九　懿德太子墓壁畫

畫面表現的是出行陣列，旌旗招展，戰馬飛奔，騎將驍勇，場面壯觀。

南唐二陵　江蘇省江寧縣

南唐二陵分別為南唐烈祖李昪（公元八八八年至九四三年）的欽陵和中祖李璟（公元九一六年至九六一年）的順陵，坐落在江蘇省江寧縣祖堂山南麓，相距五十米。

二陵墓室皆修建于形體端正的山丘之中，隱迹不顯，神道也隨形就勢。墓室寬大，分前、中、後三室，全長二十餘米，室壁兩側開鑿側室，放置隨葬品，欽陵有八個側室，順陵有十個側室。墓室裝飾模倣木構建築形式，五彩繪出倚柱、闌額、斗栱、立枋，後室頂繪星辰天象，地面鑿刻江河之形，附會『上具天文，下具地理』的傳統手法，中室門側雕刻武士，威武佇立。二陵規模不甚宏闊，但墓室形制和構造手法卻反映出南唐時期那種纖巧柔麗的藝術特色。

一七〇　順陵入口

南唐帝陵多潛葬山中，墓室入口極為隱蔽，藏而不露。今經考古發掘後，建造倣唐門樓，立于墓室之外，以為標志。

一七一　欽陵入口

欽陵的墓室門樓與順陵形制相同，但刻畫更為細緻，圭角形門首、隱出式斗栱，舒伸的挑檐，簡潔的鴟尾，手法簡練樸實。

一七二　墓室的拱券門

墓室之間以門道相連通，門道採磚砌半圓形發券的構造做法，其他部份用磚砌出木構建築的細部，反映了這時期建築技術的水平。

一七三　墓室的武士雕像

中室後門兩側有兩尊浮雕武士，頭戴盔帽，身披甲冑，雙後執劍，永遠守護著停放在後室裏的皇帝靈柩。

王建墓　四川省成都市

王建（公元八四七年至九一八年）墓是五代時期前蜀國主的陵墓，史稱『永陵』，在四川省成都市區。

墓塚封土為圓丘形，直徑八〇米，高一五米。墓室平面為長方形，分前、中、後三室，全長二三・五米，寬六・六米，係由十四道縱列式拱券砌築而成。前室為甬道。中室最為寬敞，正中安放漢白玉雕砌的須彌座式棺床。棺床的束腰周刻有手持琵琶、羯鼓、箜篌、排簫等不同樂器的二十四樂伎以及十二軀力士，手舞足蹈，生動傳神。後室設置石刻御床，陳列著王建的石雕坐像。該墓布局合理，結構新穎，雕飾精巧，美奐絕倫。

一七四　王建墓室入口

一七五　王建墓室内景（白佐民攝影）

墓室分為前中後三室，總進深二十三·五米。中室面積最大，形制模倣地面建築的廳堂部份，採用六道拱券構築而成，跨度達六米，空間高大敞闊。

一七六　王建墓塚

一七七　王建墓前的石象生

永昌陵　河南省鞏縣

永昌陵為宋太祖趙匡胤（公元九二七年至九七六年）的陵墓。北宋的八座帝陵分布在河南省鞏縣芝田鎮一帶，規模相同，形制相似。與唐朝帝陵相比，陵園範圍較小、石象生排列緊湊是北宋諸帝陵的共同特點。永昌陵為『八陵』之首，其制度對其他帝陵的影響是最大的。

陵園平面為方形，每邊長二三一・六米，陵塚（封土）位于陵園中央。南神門外神道總長度為一九七米，乳臺至南神門的神道兩側排列石象生二十二對，南神門至陵臺前布置石象生兩對，其內容和排序被後世帝陵所沿襲。陵園中其他建築今已毀蕩無存，惟有端正的陵塚和肅立的石象生，仍能使人感覺到當年莊嚴威武的風采。

一七八　永昌陵陵塚

永昌陵陵塚近似方形錐臺狀，係夯土修築而成，底邊南北長五五米，東西寬四八米，高一四・八米。北宋帝陵模倣漢代制度，平地壘土為陵，但是規模却比漢代帝陵遜色得多。

一七九　甪端

北宋陵園中特有的一種神獸，據説能察災變，鎮妖惡。它怒目圓睜，昂首望天，彷彿流露出一種深邃的神威。

一八〇　石馬

石馬頸佩纓絡，背負鞍韂，一派温順神情。

一八一　侍臣

侍臣身材碩長，頦鬚垂拂，手撫長劍，交于胸前，神色莊嚴肅穆。

一八二　石獅

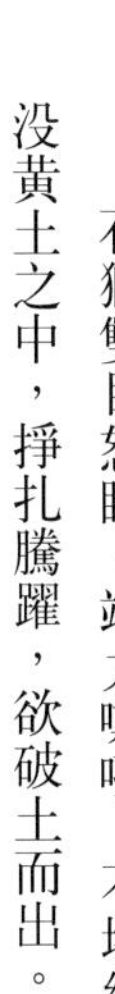

石獅雙目怒睜，竭力嘶吼，不堪經年埋没黄土之中，掙扎騰躍，欲破土而出。

永定陵　河南省鞏縣

永定陵為宋真宗趙恒（公元九六八年至一〇二二年）的陵墓，在河南省鞏縣芝田鎮二公里處。北宋『八陵』中永定陵的陵園格局保存最為完整，地面遺物較多，是北宋帝陵中最具代表性的實例。

帝陵陵園平面方形，神牆圍繞，每邊長二三〇米，四向闢神門，起角闕，置門獅。陵塚（封土）位于陵園中央，方錐臺形。南神門外設神道，總長三〇八米，鵲臺至乳臺為前段，乳臺至南神門為後段，各占總長度之半數。自乳臺起，在神道兩側排列石象生，有馴象、瑞禽、甪端、石馬、石虎、石羊、蕃使、文臣、武士、將軍和宮人，肅穆佇立，馴順温和。后陵附葬于帝陵的西北方向，陵園、陵塚形狀不變，但尺寸依帝陵之制減半，石象生的數目也相應減少，尊卑有別，制度昭然。

一八三　永定陵全景

永定陵地面遺存保留完整，陵園格局依舊未變，帝陵后陵尊卑有別，陵塚封土規模不改，石象儀仗列陣如舊，整個陵園充滿著神聖威嚴的氣氛。

一八四　陵塚和東門闕

陵塚和門闕均係碎土建造，今存陵塚封土底部每邊長五八米，高一七・二米，門闕殘臺高五・六米，西側門獅依然完好，當年面貌清晰可辨。

一八五　神道旁的石象生群

永定陵神道西側的石象生，形象逼真，造型生動，千餘年來靜靜地守護著它們的主人。

一八六　朱雀

永定陵的朱雀身生鱗甲，頭長雙角，振翅鼓翼，翱翔在祥雲瑞氣之中。

一八七　儀馬與馬官

儀馬背負鞍轡，恭順馴和；馬官含首躬背，垂目肅立，忠心耿耿，勝若生人。

一八八　蕃使

蕃使頭裹巾帕，身著裘袍，高鼻深目，捲鬚絡腮，生動地刻畫出外蕃貢使的形象特徵。

一八九　石羊

石羊曲膝僕跪，神色深沉，表達手法洗練，造型簡潔抽象。

一九〇　石獅

石獅身佩絡帶，昂首翹尾，呲牙裂嘴，目射猙獰，是宋陵石獅中最為生動的實例。

永昭陵　河南省鞏縣

永昭陵為宋仁宗趙禎（公元一〇一〇年至一〇六三年）的陵墓，在河南省鞏縣孝義鎮東南二公里處。

帝陵陵園平面為方形，每邊長為二四二米，占地面積為『八陵』之最。陵塚（封土）位于中央，方錐臺形。后陵陵園位于帝陵的西北方向，相距約二二〇米。陵塚為方錐臺形，底部每邊長二十八米，高一〇・八米，神道兩側的石象生數目為十一對。后陵與帝陵相比，除陵塚高度為帝陵的三分之一，其他規模尺寸幾乎皆取帝陵之半數為制。

一九一　永昭陵陵塚

陵園規模與布局一如永昌陵之制度，神道、鵲臺以及石象生等配置未有改變或逾越。陵塚採用壘土夯築，底部每邊長五五・五米，高一六・八米，後陵規模則遜其半數。

一九二　朱雀

一九三　武士

一九四　石象

白居易墓　河南省洛陽市

白居易（公元七七二年至八四六年），字樂天，號香山居士，祖籍太原（今屬山西），後遷居下邽（今陝西渭南），唐代著名詩人，擅長諷諭詩和敘事詩。

墓園在洛陽市南十三公里伊水南岸的香山北麓，與龍門石窟隔岸相望。入口前石階陡直，碑樓凌霄。墓塚為圓丘形，黃土碎築。園內古柏蒼鬱，修竹疊翠，山泉汩汩，澗水淙淙，充滿著恬靜與嫻雅。

一九五　白居易墓塚

白居易墓塚位于墓園正中央，直徑一九米，高四・五米，墓脚周圍石砌護牆，塚上青草芊綿，四周松柏葱鬱。墓塚正面矗立碑樓，中央題書『唐少傅白公墓』行體大字。墓園環境清靜優雅。

一九六　墓側石碑

三通石碑為憑吊記志碑，現集中安置在墓塚左側，供游人參觀與緬懷。

一九七　墓塚背面

一九八　墓園内小徑

岳飛墓　浙江省杭州市

岳飛（公元一一〇三年至一一四二年），字鵬舉，相州湯陰（今屬河南）人，南宋抗金名將。他立志精忠報國，率兵抗金，英勇善戰，攻城池，收失地，所向披靡，紹興十一年（公元一一四二年）遭誣陷被殺害。岳飛為我國歷史上受人尊敬的民族英雄。

岳飛墓亦稱岳王墳，在浙江省杭州市西湖畔。祠廟與墓園合一。廟內大殿雄偉莊嚴。墓在廟西，闕門為磚砌拱券門，翼角飛檐，風格純樸。墓塚為圓丘形，高約四・五米。墓前豎立墓碑，擺設供案、燎爐、香瓮，供人瞻仰憑吊。墓左為岳雲墓，二墓比肩相依，高低有別，一如生前父子，血脈相承，至密至親。墓道兩側，排列著石人、石馬，含首躬背，恭敬肅立。墓園內古柏蒼松，鬱鬱葱葱，環境幽靜，氣氛肅穆。

一九九　岳飛廟大殿

大殿位于墓園東側。殿身面闊五間，重檐歇山頂，檐宇高大，梁架敞闊，梁枋遍飾赭漆，屋面鋪敷青瓦。明間正中高懸『心如天日』匾牌，殿內供奉岳飛的彩色全身塑像一尊，四壁繪畫描述岳飛的生平功績。整個建築莊嚴雄偉，古樸典雅。

二〇〇　岳飛墓闕門

闕門位于岳飛墓前，為磚砌門樓，中央闢拱券門洞，檐枋和斗栱皆用青磚倣木結構形式砌築，單檐歇山頂，雕甍刻桷，技藝精湛。

二〇一　岳飛、岳雲墓塚

岳氏父子的墓塚建造在三層墓臺之上，皆為圓丘形。墓前各立墓碑，墓臺兩側的石望柱上銘刻對聯：『正邪自古同冰炭，毀譽于今判真偽』，為岳氏父子精忠報國的真實寫照。墓園內古柏參天，蔭濃氣重，給人以樸實莊重之感。

二〇二　石象生

二〇三　石象生

楊璨墓　貴州省遵義市

楊璨墓位于貴州省遵義市永康鎮，是南宋播州安撫使楊璨夫婦的合葬墓，建于南宋淳祐年間（公元一二四一年至一二五二年）。墓坐東朝西。墓室分南北兩部份，南部墓室的後室安葬著楊璨，北部墓室的後室安葬著楊璨之妻。南北兩部份的前後墓室平面皆呈長方形，它們的形體、大小、結構、雕飾都相似。（楊道明撰文）

二〇四　楊璨墓前室（楊道明、徐庭發攝影）

前室的南北牆上均以石雕刻出壁龕、抱廈。抱廈有蟠龍繞柱，頗顯氣派。兩側石牆上浮雕著文官武將，造型逼真，栩栩如生。前室雖僅八米寬，但雕飾精湛，反映了宋代西南地區石雕藝術的特點。（楊道明撰文）

二〇五　楊璨墓後室（楊道明、徐庭發攝影）

後室東壁壁龕内雕有楊璨身著朝服，頭戴烏紗的坐像。柱壁上雕有蟠龍、雙獅、侍童等，形態各异，構圖新穎，綫條流暢，生氣盎然。（楊道明撰文）

二〇六　楊璨妻墓後室（楊道明、徐庭發攝影）

室内布局及裝飾與楊璨墓室基本一致。東牆壁龕内雕刻有楊璨之妻坐像，旁立侍女，兩力士相衛，人物神態自然，綫條明晰。（楊道明撰文）

西夏王陵　寧夏回族自治區銀川市

西夏是十一世紀在中國西北地區崛起的一個党項族封建王朝，都興慶（今寧夏銀川），公元一二二七年為蒙古族所滅。

西夏王陵位于寧夏回族自治區銀川市西三十五公里的泉齊溝，為西夏皇帝及朝廷貴族的大型陵園，分布著九座王陵和二百多座陪葬墓，背依賀蘭山麓，前俯銀川平原，占地面積五十三平方公里，規模宏闊，氣勢浩大。王陵陵園按昭穆次序取穴定位，陪葬墓依尊卑等級排列分布，制度嚴謹。王陵格局深受北宋陵墓形制影響，起城垣、闕闕門、立石象生、建造獻殿。陵臺為塔樓狀，夯土實心，外圍四周出迴廊挑檐。依制度分為五、七、九層不等。墓室建造在塔樓的地面之下，反映了西夏王陵的獨特之處。現塔樓的木構廊檐已頹塌無存，僅遺存圓錐狀塔臺，各種建築均已毀没，祇有座座殘臺，段段斷垣，在黃河烟雨、賀蘭風雲的烘托下，景色堪稱壯觀。

二〇七　西夏王陵三號陵

西夏王陵三號陵陵園屬于外城式格局，占地面積約十五公頃，鵲臺、陵臺基本完好，陵城、門闕、角闕也大部份尚存，是諸王陵中保存最好的一座。在考古發掘中，曾出土人像礎石、西夏文殘碑、琉璃飾物以及銅、鐵、瓷器殘片，為西夏王陵的研究提供了珍貴的依據。

二〇八 闕門和陵臺

三號陵的闕門為三個圓錐形夯土基座組成，基座規模依次減小，其手法無疑受到唐宋帝王陵園中『三出闕』形式的影響。陵臺為八角錐形夯土臺，夯築密實，臺階處有瓦礫堆積，推測為木構廊檐的遺迹。昔日桀驁不馴的君王如今默默地沉寂在大漠荒野之中。

二〇九 陵臺

二一〇 人像礎臺

二一一 琉璃鴟尾

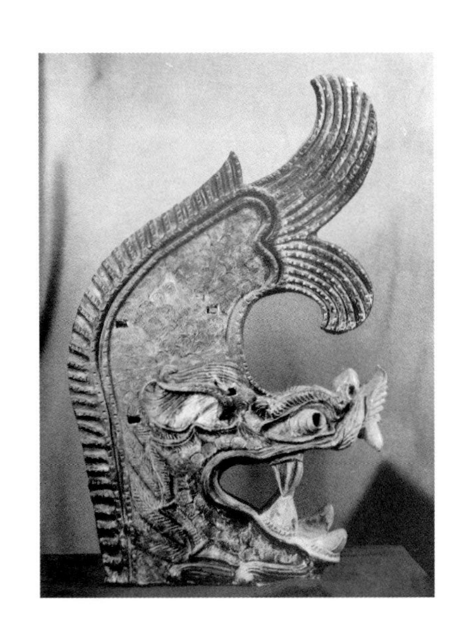

董海墓 山西省侯馬市

董海墓建于金明昌七年（公元一一九六年），原在山西省侯馬市西郭牛村南，現遷至侯馬文物工作站院內。墓室總進深七·二米，由墓門、前室、過道和後室組成。為倣木構雕磚建築。（楊富斗撰文）

二一二 董海墓前室（楊道明、徐庭發攝影）

前室坐北朝南，呈邊長三·四米的正方形，室內有高大的須彌座。四角的須彌座上有倚柱。柱頂置斗栱，斗栱支承著八角形疊澀藻井。北牆上有山花朝外的歇山頂磚門樓。門樓兩側牆壁上各有一幅大型孔雀牡丹圖浮雕。四周須彌座的束腰上雕有人物花卉等。整個建築全用磚雕組成，製作精緻，顯示出金代磚雕墓室的特色。（楊道明撰文）

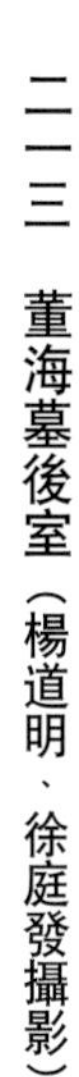

二一三 董海墓後室（楊道明、徐庭發攝影）

後室結構做法與前室相似，也為磚雕，做工精細。正面為堂，堂上懸一捲竹簾，下墜鮮桃、燈籠、雙魚等吊掛，磚雕板桌上置有茶盞。墓主夫婦二人袖手相地而坐，侍童、侍女恭候兩旁。西壁刻有墓主出行圖。東牆和南壁都雕飾有槅扇，板上均雕有人物故事，內容豐富。該墓磚雕刀工簡潔，綫條流暢，具有濃鬱的社會氣息和民族藝術色彩。（楊道明撰文）

董明墓　山西省侯馬市

董明墓原在山西省侯馬市西郭牛村，現遷入侯馬市文物工作站院內，建于金大安二年（公元一二一〇年）。墓為磨磚對縫倣木構雕磚建築。墓中布滿雕飾，有濃鬱的生活氣息，在我國墓葬藝術中別具一格。（楊富斗撰文）

二一四　董明墓前室（楊道明、徐庭發攝影）

前室與董海墓相似，前廊後堂。後堂雕砌三間，明間正中雕一曲足小桌和一朵玲瓏嬌艷的牡丹花，墓主夫婦二人面帶笑容，一手持念珠，一手捧經卷，對坐于桌子兩邊，神情自若。後堂上部砌有一山花向外的小戲臺，結構精巧，造型優美。臺上彩色戲俑正演著表情生動的戲曲，雕刻精細入微，神色栩栩如生。（楊道明撰文）

靈山聖墓　福建省泉州市

靈山聖墓位于福建省泉州市城東靈山上。元至治二年（公元一三二二年）曾重修。相傳伊斯蘭聖徒之『三賢』與『四賢』傳教于泉州，卒葬于此，後稱『聖墓』，被視為伊斯蘭教的聖迹。

聖墓建在山坡臺地上，墓坐北面南，上罩以四柱方形單檐歇山頂石亭，周圍有十柱九間的馬蹄形平面的環廊，使聖墓帶有鮮明的地方特點。（楊道明撰文）

二一五　靈山聖墓（楊道明、徐庭發攝影）

布哈丁墓　江蘇省揚州市

布哈丁為古稱西域的阿拉伯伊斯蘭教徒，南宋咸淳年間（公元一二六四年至一二七五年）來揚州傳播伊斯蘭教。德佑元年（公元一二七六年）歸真後就地安葬，墓在江蘇省揚州市區。

二一六　布哈丁墓園大門（楊道明、徐庭發攝影）

墓門面朝運河。門外臺階兩旁有浮雕石欄，雕有獅子戲球、魚躍龍門等十多幅圖案，造型生動，技法圓熟。門外有五百年前種的柏樹一株。這裏環境幽靜，古樹參天，別有情趣。（楊道明撰文）

二一七　布哈丁墓亭（楊道明、徐庭發攝影）

墓亭為白粉牆黑灰瓦四方攢尖頂亭，平面呈方形，四壁有拱門，亭內上部為拱球頂。布哈丁墓築于墓亭中央地下，上有五級矩形青石墓塔，通高八八厘米。每層塔石上雕有牡丹、捲草和如意花紋；第三層的塔石上刻有阿拉伯文《古蘭經》的一些章節。墓地周圍竹影婆娑，綠蔭蔽地，清幽潔淨。

（楊道明撰文）

二一八　秃黑魯貼木兒瑪扎（楊穀生攝影）

秃黑魯貼木兒瑪扎　新疆維吾爾自治區霍城縣

察合臺汗的秃黑魯貼木兒汗的陵墓，位于新疆維吾爾自治區霍城縣東十公里處，建于公元一三六八年至一三六九年。瑪扎平面為長方形，前部有高大寬敞的尖拱式門廊，後部覆以圓形穹窿頂，高達十一米。正面的拱券和兩邊的伊斯蘭教經文均用藍、綠、褐、白四種彩色琉璃磚拼砌飾面，圖案達二十種之多。整個墓室裝飾豐富，造型簡潔，色彩鮮明，是新疆早期伊斯蘭教建築的典型。（楊道明撰文）

二一九　阿勒泰喀依納爾石人組

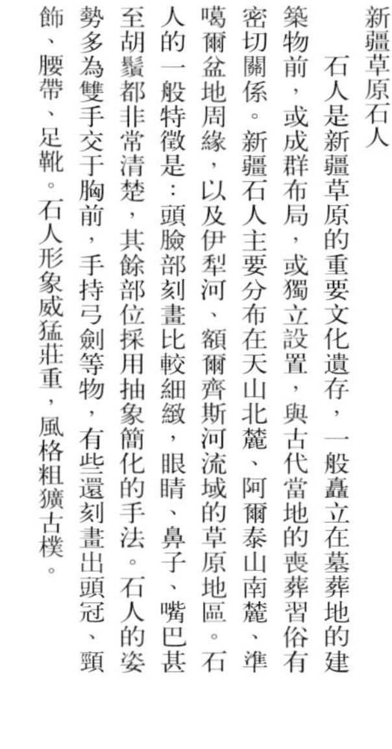

新疆草原石人

石人是新疆草原的重要文化遺存，一般矗立在墓葬地的建築物前，或成群布局，或獨立設置，與古代當地的喪葬習俗有密切關係。新疆石人主要分布在天山北麓、阿爾泰山南麓、準噶爾盆地周緣，以及伊犁河、額爾齊斯河流域的草原地區。石人的一般特徵是：頭臉部刻畫比較細緻，眼睛、鼻子、嘴巴甚至胡鬚都非常清楚，其餘部位採用抽象簡化的手法。石人的姿勢多為雙手交于胸前，手持弓劍等物，有些還刻畫出頭冠、頸飾、腰帶、足靴。石人形象威猛莊重，風格粗獷古樸。

二三〇　阿爾泰布克爾橋石人

中國美術分類全集

中國建築藝術全集

第6卷 元代前陵墓建築

圖書在版編目(CIP)數據

中國建築藝術全集（6）元代前陵墓建築／趙立瀛，劉臨安主編 —北京：中國建築工業出版社，1999.12

（中國美術分類全集）

ISBN 7-112-04049-3

I. 中… Ⅱ.①趙…②劉… Ⅲ. 陵墓－建築藝術－中國－元代－圖集 Ⅳ.TU-881.2

中國版本圖書館CIP數據核字（1999）第49325號

中國建築藝術全集編輯委員會 編

本卷主編 趙立瀛 劉臨安

出版者 中國建築工業出版社（北京百萬莊）

責任編輯 王伯揚

總體設計 雲 鶴

本卷設計 吳滌生 王 晨 徐 竣 顾咏梅

印製總監 楊一貴

製版者 北京利豐雅高長城製版中心

印刷者 利豐雅高印刷（深圳）有限公司

發行者 中國建築工業出版社

一九九九年十二月 第一版 第一次印刷

書號 ISBN 7-112-04049-3 / TU・3165 (9037)

國内版定價三五〇圓